要不要來縫個

不太一樣 的布物呢？

原來如此！

這個好方便！

真有趣！

CONTENTS

PART 1 簡單就能上手的布小物

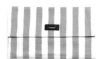 

PART 2 創意滿載的布包&波奇包

PART **3** 其他各式各樣巧思小物！

關於本書

1 點開YouTube影片，就能看到作法！

本書所有作品都可以在YouTube影片中一覽作法。以智慧手機掃瞄各頁面的QR Code就能連結影片。請搭配書中的圖文作法，並視個人喜好參照影片製作吧！

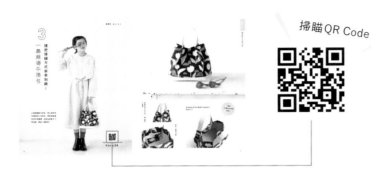

掃瞄QR Code

※YouTube有時一開始會播放廣告。
※QR Code與影片URL是特別提供給購買本書的讀者。影片著作權為主婦のミシン與Boutique公司所有，未經許可，禁止轉載與複製。
※書中記載的作法與影片多少會有些差異。

2 可於以下網站購買布材

本書收錄的作品，使用網路商店デコレクションズ（decollections）的布料與輔材（材料列中標有品項＆編號），可在以下網站選購。

〔官網〕https://decollections.co.jp/
〔樂天〕https://www.rakuten.ne.jp/gold/decollections/
〔yahoo!〕https://shopping.geocities.jp/decollections/

※根據庫存狀況，商品販售現況請至各網站詳細確認。

3 商用OK！

依本書作法＆紙型製作的作品，可於個人範疇的銷售活動（市集、網路、跳蚤市場等）中販售。

・市集
・網路
・跳蚤市場

※僅限於個人範疇的銷售活動中販售，禁止企業大量生產。
※讀者製作販售的作品需自行承擔責任，對於因使用本書的紙型與作法而引起的問題，我方恕不承擔責任。
※本書的紙型＆作法禁止轉載、翻印、販售、經銷、上傳網路等，也禁止以材料包形式販售。
※本書禁止翻拍公開＆當成自己的作品投稿至手作網站、SNS及部落格等。

4 難易度的標示記號

各作品提供作法難易度的星號標示，以作為製作時的參考。

※難易度僅為參考基準。

★☆☆☆☆　　　　　　　★★★★★
簡單　　　　　　　　　　　　難

PART 1

簡單就能上手的布小物

本章介紹直線裁＆扁平款式等作法比較簡單的布小物。雖然造型簡約，卻展現了作者「主婦のミシン」獨特的小技巧，請一邊享受這些機關巧思，一邊動手作作看。

作法 ▶ p.8

a

b

c

1

一片布就作好

波奇包

哇，沒想到只用一片布就能作出附口袋的拉鍊波奇包！a・c 使用棉布，b 使用聚酯纖維防潑水布。

https://youtu.be/A3GkIw42Gwk

作法 ▶ **p.8**

一條長方形布片
就OK！

Fumu
Fumu…

b款使用聚酯纖維材質布料製作，用來收納旅行盥洗用品等特別方便！

POINT——接縫拉鍊時
「以線剪輔助」！

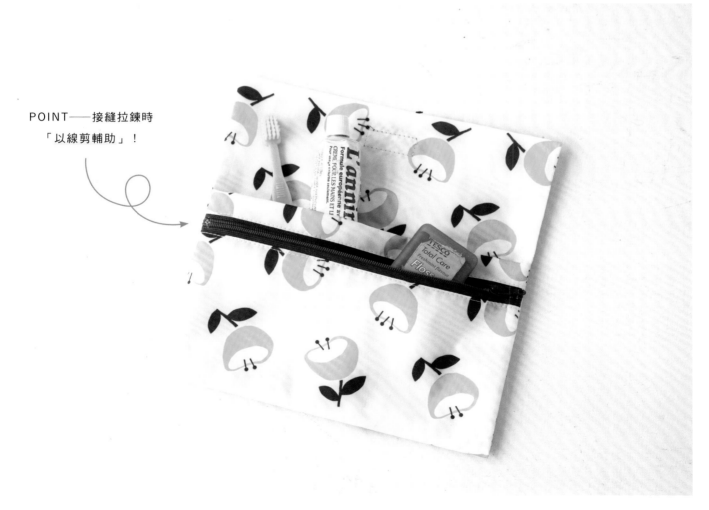

有兩個袋口唷！外層口袋是拉鍊開關的設計，用法更靈便。

 a

 b

c

p.6 ① 試試一片布就作好的波奇包吧！

【a〜c材料】1款的用量

表布（**a**／條紋棉布／Find the animals-tree〈d1yf425〉、
　　　b／花卉圖案聚酯纖維／Humming pink〈cg980706〉、
　　　c／檸檬圖案棉布／Honey Lemon〈cg980174〉）…寬92cm×22cm
FLATKNIT拉鍊（20cm）…1條
布標（約寬1.5cm長4.5cm／刺繡布標18 merci〈d1yf-tag18〉）…1片

一片布
就作好！

上止

【車縫前的準備】　※為了方便理解縫法，以下示範特意改變縫線顏色。

1 車縫拉鍊

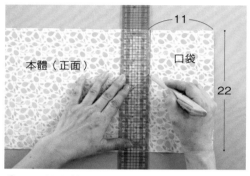

本體（正面）　口袋　11　22

① 以粉土筆在距表布右端11cm處畫上口袋記號。

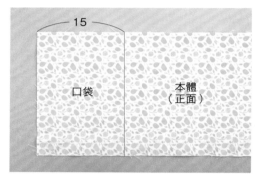

15　口袋　本體（正面）

② 以粉土筆在距表布左端15cm處畫上口袋記號。

拉鍊（背面）　口袋（正面）　11

① 拉鍊背面朝上，疊至右端的口袋記號上。

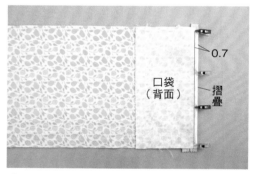

0.7　口袋（背面）　摺疊

② 沿著右端口袋記號摺疊，夾入拉鍊＆以強力夾固定，再以粉土筆畫上距邊0.7cm的記號線。

POINT

拉鍊壓布腳

單側是空的，使壓布腳不會卡住拉鍊齒，可順利接縫拉鍊的便利工具。一般為縫紉機的基本配備。

③ 裝上拉鍊壓布腳，拉開拉鍊開始車縫。

④ 車縫到一半時，在車針刺入布料的狀態下停針，抬起壓布腳、將拉鍊頭往上移再繼續縫。

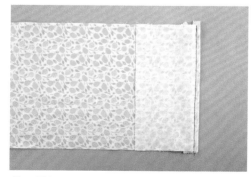

⑤ 縫好一側的拉鍊。

⑥ 翻至正面整燙。

⑦ 在距拉鍊邊0.2cm處壓線。

⑧ 完成壓線。

⑨ 本體翻至背面，沿著準備作業標示的距邊15cm的口袋記號線摺疊。

⑩ 再摺疊1.5cm。

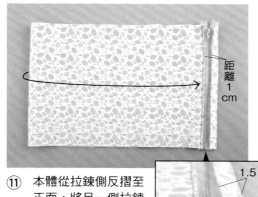

⑪ 本體從拉鍊側反摺至正面，將另一側拉鍊夾入⑩的布內，使拉鍊兩側接縫的布邊相距1cm。

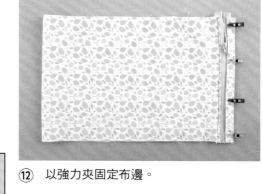

⑫ 以強力夾固定布邊。

2 暫時車縫固定脅邊

⑬ 在距拉鍊邊0.2cm處壓線，將本體的☆側往後摺往箭號所指方向。

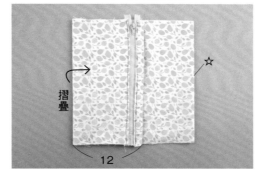

① 在如圖所示12cm處燙摺痕。

② 避開最下層的布，以強力夾固定拉鍊下端。

因拉鍊前後兩端的布帶是分開的，可利用紗線剪夾緊再車縫。

③ 在距布邊0.7cm處車縫7cm，暫時固定。

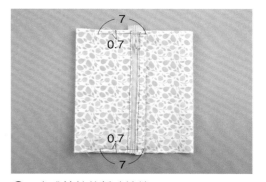

④ 完成拉鍊的暫時接縫。

3 車縫口袋底

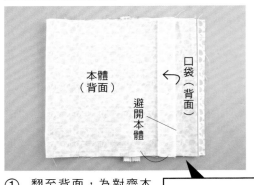

① 翻至背面，為對齊本體的長度，以粉土筆在口袋外凸部分作記號。

本體（背面）

口袋（背面）

避開本體

本體（背面）｜口袋（背面）｜口袋（正面）

本體（背面）

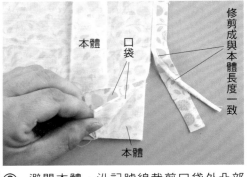

② 避開本體，沿記號線裁剪口袋外凸部分。

本體

口袋

本體

修剪成與本體長度一致

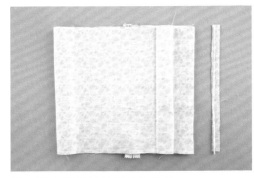

③ 剪去口袋外凸部分的模樣。

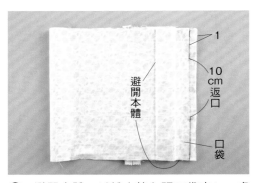

④ 避開本體，以粉土筆在距口袋底1cm處作記號，預留10cm返口車縫。縫時先拉開拉鍊。

避開本體

1

10cm返口

口袋

⑤ 燙開口袋縫份。

本體　口袋　本體

4 車縫脇邊線

① 疊上之前避開的本體，以粉土筆在脇邊縫份1cm處作記號。

1

本體（背面）

1

② 車縫脇邊線。

本體（背面）

③ 剪去邊角的縫份。

④ 剪去多餘的拉鍊。

⑤ 燙開脇邊的縫份。

⑥ 由返口翻至正面。

口袋內側

5 以弓字縫縫合返口

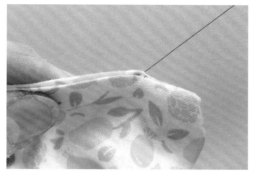

① 縫合返口處的兩片布。先打始縫結，由上側的山摺出針。

② 從下側的山摺入針，往前0.2至0.3cm出針。

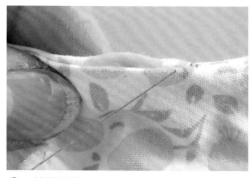

③ 拉緊縫線。

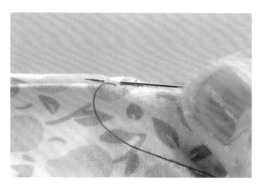

④ 再從上側的山摺入針，往前0.2至0.3cm出針。

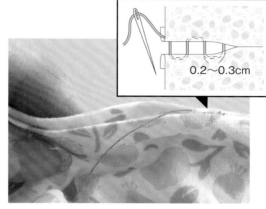

0.2～0.3cm

⑤ 拉緊縫線。重複②至⑤，縫合返口。

口袋內側

⑥ 返口縫合完成。

6 完成！

① 口袋翻至外側。

外口袋

② 以錐子挑出尖角整燙。

外口袋

③ 口袋翻至外側的模樣。

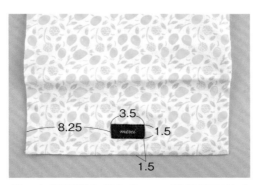

3.5
8.25
1.5
1.5

④ 布標兩側內摺0.5cm，接縫固定於本體。

完成！

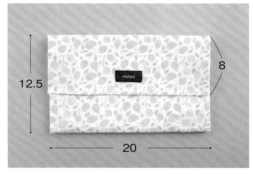

12.5
8
20

2

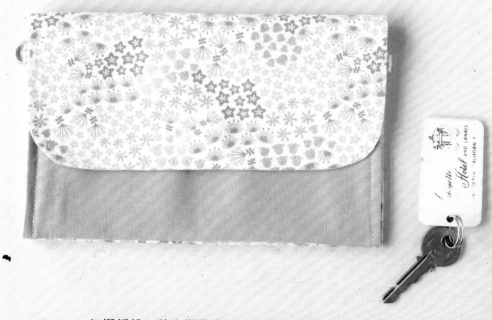

沒有側身還是很能裝！

波奇包

如摺紙般，將布摺疊車縫的簡易波奇包！
看似包體扁平，但放入物品就會鼓起，收納容量超乎預料。

Wow !

難易度：★★☆☆☆

https://youtu.be/mQ6xhUUfvjE

作法 ▶ **p.52**

可分成三個隔間。

大容量！

側看的模樣，像是接縫了兩個袋子。

肩背或手拿都OK！

加裝D型環，扣上肩帶就變身小肩包。

還有兩個卡片夾層。

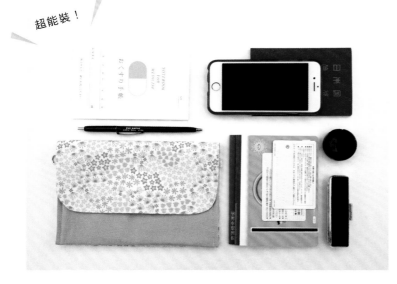

超能裝！

護照、存款簿或用藥手冊都能輕鬆收納。

袋口開闔的磁釦，最後簡單縫上即完成。

3

提把接縫方式新奇別緻！

一舉兩得手提包

以直線縫製作袋身，再以袋身包夾提把就大功告成。提把接縫處自然形成褶襉，也為包款賦予了時尚感，真是一舉兩得！

https://youtu.be/IQHDOPXQPRc

作法 ▶ **p.54**

接縫提把的同時，順道帶出褶襉。

附有一個內口袋。

直線縫袋身再包覆提把車縫固定，輕鬆完成。

最後只要包夾提把車縫！

15

a

4

放口罩也ＯＫ！

b

萬用面紙波奇包

乍看普通的波奇包，其實包含不少巧思設計。附有隱形
口袋＆放口罩剛剛好的長口袋，不只方便好用，因為減
少縫份，結構更清爽簡潔。a使用防水布，b使用棉布。

https://youtu.be/WwbX6jttwio

作法 ▶ **p.56**

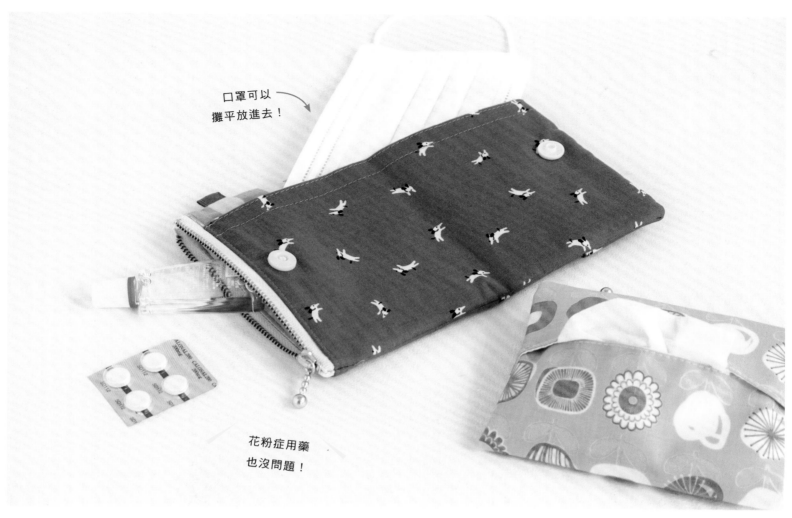

口罩可以
攤平放進去！

花粉症用藥
也沒問題！

口罩不必摺疊就能放入長口袋中，
讓原本容易在大包包內擠壓變形的口罩也能整齊地隨身攜帶。

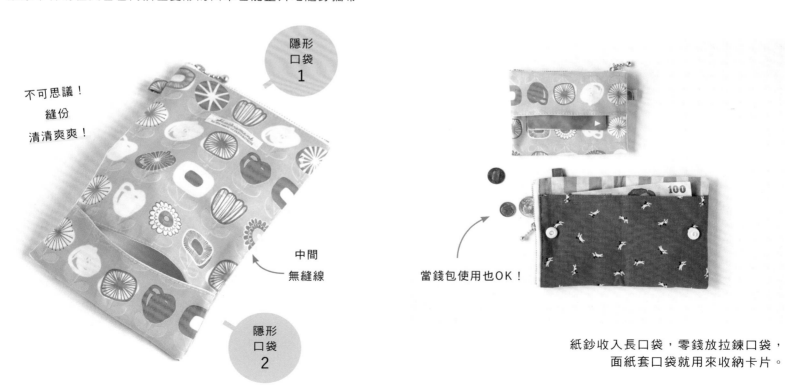

隱形
口袋
1

不可思議！
縫份
清清爽爽！

中間
無縫線

隱形
口袋
2

當錢包使用也OK！

紙鈔收入長口袋，零錢放拉鍊口袋，
面紙套口袋就用來收納卡片。

主體中間無縫線，口袋置於內側，構造簡潔俐落。

5 魔術開口 零錢包

只是將布摺疊車縫的簡單構造，但一打開，口袋
就變成立體狀，卡片等也能輕鬆拿取，真方便！

難易度：★★☆☆☆

隔層展開成X形。

立體展開！

隔層放卡片，拉鍊口袋裝零錢剛剛好。

https://youtu.be/bGyb92hZxzs

作法 ▶ p.58

PART2

創意滿載的
布包 & 波奇包

本章集合了講究剪裁與設計感的
布包＆波奇包。不只外形可愛，
實用性與機能性同樣優秀。請愉
快地愛用這些創新設計吧！

6

也太卡哇伊了！
梯型迷你波士頓包

以壓棉布製作的迷你波士頓包，特色
是正面的大口袋。外形圓潤可愛，帶
著出門心情也變得好愉快！

https://youtu.be/40O2w-h5hNY

作法 ▶ **p.60**

a

b

圓鼓鼓的可愛模樣。

超便利的
大口袋！

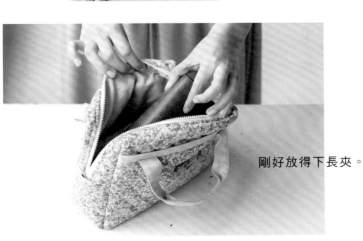

剛好放得下長夾。

悠遊卡或手機等，
需要隨時方便取用的物品放入大口袋就OK。

7

a o r i 口袋束口包

看似是一般的束口包，但前後
側內藏均分的四分格大口袋。
平常外出就不用說了，當成托
特包型的便當袋也很適合。

https://youtu.be/hiunJ13QMNo

作法 ▶p.63

難易度：★★★☆☆

a

b

大大的
aori口袋。

常用物品收入分隔口袋，
隨手取放都方便。

環繞束口內袋外圍一圈的
分隔式口袋構造。

放得下
長夾
的尺寸！

束口內袋裡
也有兩個口袋。

2 WAY！

將束口部分收入內裡，
外表就是一般的托特包。

附側身的

戲法波奇包

最常被問「這是怎麼組合構成的？」就是這款波奇包。看似普通，但打開掀蓋一看，結構就有點與眾不同。扣上提把，也可當作小包包使用。

作法 ▶ **p.26**

https://youtu.be/7Ids-wAV6w0

a

b

兩種尺寸的同樣包款。a約可放手機，b是裝面紙與手帕的大小。

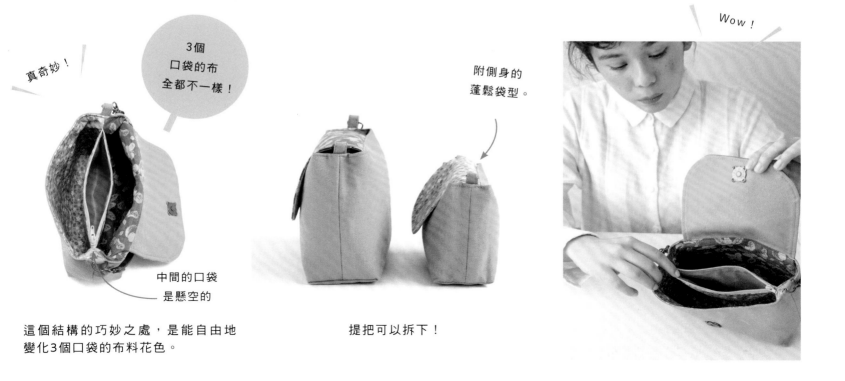

真奇妙！

3個
口袋的布
全都不一樣！

附側身的
蓬鬆袋型。

Wow！

中間的口袋
是懸空的

這個結構的巧妙之處，是能自由地
變化3個口袋的布料花色。

提把可以拆下！

p.24 ⑧
附側身的戲法波奇包

原寸紙型A面 （表本體、裡本體前、裡本體後、表袋蓋、裡袋蓋、內口袋）

【a材料】

A布（素面牛津布／粉陶色〈sm0083h〉）…寬50cm×40cm
B布（花卉棉布／
　　　Out of town-apple farm〈d1yf381〉）…寬45cm×30cm
C布（碎花棉布／
　　　Out of town-apple blossom〈d1yf382〉）…寬30cm×30cm
接著襯（home craft／プレシオン輕鬆燙布襯《柔挺型》
　　　一般厚／hc666ow）…寬94cm×50cm
FLATKNIT 拉鍊（20cm）…1條
D型環（1.5cm）…2個
磁釦（直徑1.8cm・手縫式）…1組
附間號鉤提把（長20cm）…1條

【b材料】

A布（素面牛津布／粉陶色〈sm0083h〉）…寬45cm×30cm
B布（碎花棉布／
　　　Out of town-apple blossom〈d1yf382〉）…寬40cm×25cm
C布（花卉棉布／
　　　Out of town-apple farm〈d1yf381〉）…寬25cm×25cm
接著襯（home craft／プレシオン輕鬆燙布襯《柔挺型》
　　　一般厚／hc666ow）…寬94cm×30cm
FLATKNIT拉鍊（20cm）…1條
D型環（1cm）…2個
磁釦（直徑1.8cm・手縫式）…1組
附間號鉤提把（長20cm）…1條

裁布圖

※吊耳無原寸紙型，直接於布上畫線裁剪。
※□內的數字為縫份。除了指定處之外，縫份皆為1cm。
※□＝接著襯。

裁布圖的兩段數字
上段＝**a**
下段＝**b**

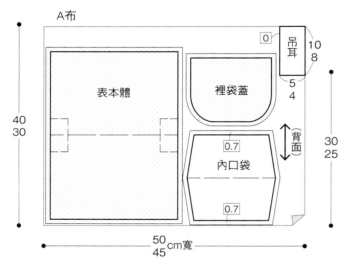

A布
吊耳　0
10
8
5
4
表本體
裡袋蓋
內口袋　0.7
0.7
40
30
（背面）
50
45 cm寬

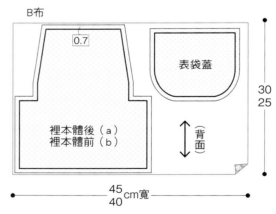

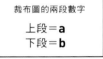

B布
0.7
表袋蓋
裡本體後（a）
裡本體前（b）
（背面）
30
25
45
40 cm寬

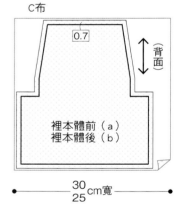

C布
0.7
（背面）
裡本體前（a）
裡本體後（b）
30
25
30
25 cm寬

【車縫前的準備】

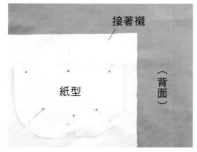

① 於表本體、裡本體前、裡本體後、表袋蓋及裡袋蓋的背面燙貼裁得稍大的接著襯（接著襯的燙貼方法參見p.49），再以珠針固定紙型。

接著襯
紙型
（背面）

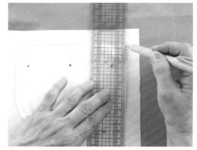

② 使用方格尺＆粉土筆描畫紙型的完成線。

③ 以粉土筆畫上縫份，再以錐子於磁釦安裝位置戳洞。

④ 沿著粉土筆的畫線裁剪。

1 接縫拉鍊 & 製作內口袋

※為了方便理解縫法，以下示範特意改變縫線顏色。

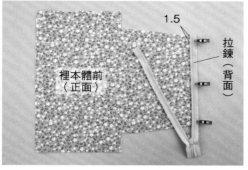

① 拉鍊背面朝上，如圖示重疊於裡本體前的布端，並以強力夾固定。

② 車縫距邊0.5cm處。

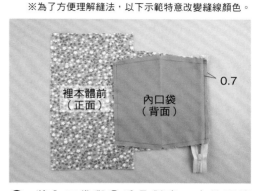

③ 將內口袋與②重疊對齊，車縫距邊0.7cm處。

④ 將內口袋翻至正面。

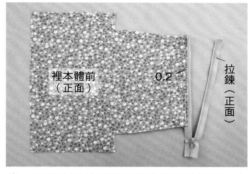

⑤ 再將內口袋反摺至裡本體前的背面，在拉鍊旁0.2cm處壓線。

⑥ 另一側拉鍊同樣疊至裡本體後布端，並以強力夾固定。

⑦ 車縫距邊0.5cm處。

⑧ 對摺內口袋 & 與⑦的拉鍊重疊，車縫距邊0.7cm處。

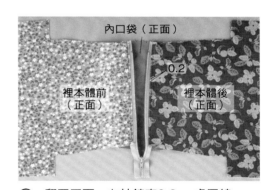

⑨ 翻至正面，在拉鍊旁0.2cm處壓線。

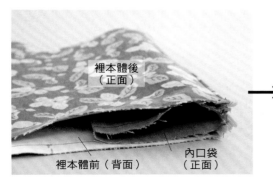

⑩ 對齊裡本體後、內口袋與裡本體前，以強力夾固定。

⑪ 車縫距邊0.7cm處，暫時固定內口袋。

2 車縫裡本體的側身

裡本體後（正面）

摺疊

① 對齊裡本體後的側身☆記號，以珠針固定。

裡本體前（正面）

② 同樣對齊裡本體前的側身☆記號，以珠針固定。

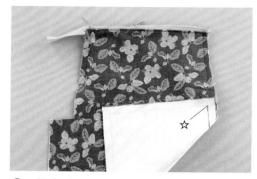

③ 裡本體後＆裡本體前的側身各自車縫至☆記號。

3 車縫裡本體脇邊線

避開縫份　　剪牙口

① 避開裡本體後的側身縫份，於底下1片的縫份剪牙口。

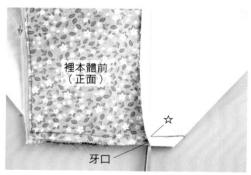

④ 另一側的側身同樣車縫至☆記號。

裡本體前（正面）

牙口

② 裡本體前也同樣避開側身縫份，於底下一片的縫份剪牙口。

裡本體後（背面）

③ 一手抓住裡本體後袋口側△記號的縫份，另一手以錐子刺入☆記號作基點，再對齊裡本體後側的脇邊線。

裡本體後（背面）

裡本體後（背面）

④ 以強力夾固定。

裡本體前（背面）

⑤ 依相同作法，一手抓住裡本體前袋口側△記號的縫份，另一手以錐子刺入☆記號作基點，再對齊脇邊線，疊至裡本體後側的△記號。

裡本體前（背面）

⑥ 以強力夾固定。

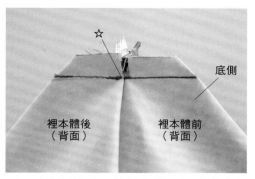

⑦ 從底側檢視，使側身的☆記號準確對齊。

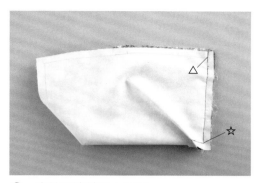

⑧ 車縫脇邊線至☆記號。

⑨ 燙開脇邊的縫份。

⑩ 單側脇邊縫合完成。

⑪ 依相同作法車縫另一側脇邊線。

⑫ 修剪多餘的拉鍊，燙開脇邊縫份。

4 製作袋蓋

① 表袋蓋＆裡袋蓋正面相對，預留返口車縫一圈。

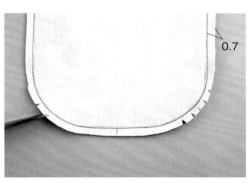

② 縫份修剪至0.7cm，於圓弧處剪牙口。

③ 燙開縫份。

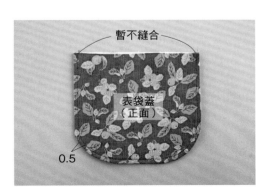

④ 翻至正面，在表袋蓋側距邊0.5cm處壓線。

⑤ 為了於表袋蓋側保留鬆份，先將表袋蓋往裡袋蓋側摺約1/3，在未縫合側沿邊0.5cm處車縫。此作業可大幅提升作品的完成度。

⑥ 自然產生弧度。

5 車縫表本體脇邊線

① 對摺表本體，車縫脇邊線。

② 燙開脇邊縫份。

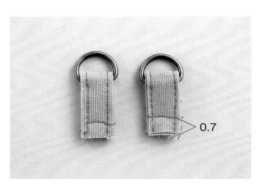

② 保留1cm的縫份，其餘剪掉。

7 製作＆接縫吊耳

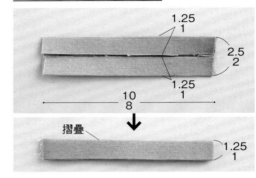

1.25
1

2.5
2

1.25
1

10
8

摺疊

1.25
1

① 吊耳上下兩邊摺往中央接合，再對摺。
※上段尺寸是a，下段是b。以下皆同。

0.7

③ 套入Ｄ型環後將布對摺，車縫0.7cm
處。

6 車縫表本體的側身

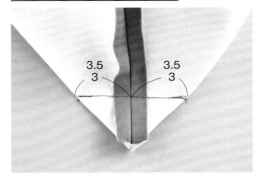

3.5
3

3.5
3

① 對齊脇邊線＆底中心，車縫側身。
※上段尺寸是a，下段是b。

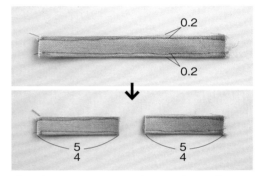

0.2

0.2

5
4

5
4

② 車縫距兩邊0.2cm處，再剪成兩半。

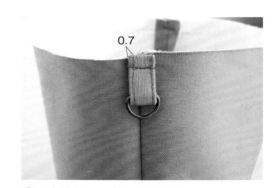

0.7

表本體
（正面）

④ 表本體翻至正面，以強力夾將吊耳夾在
接縫位置。

⑤ 車縫0.7cm處，暫時固定。

8 接縫袋蓋

裡袋蓋（正面）

表本體後
（正面）

① 以強力夾將袋蓋固定於表本體後的接縫
位置。

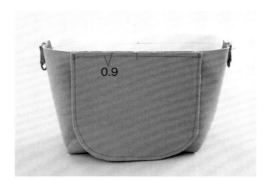

0.9

② 車縫0.9cm處，暫時固定。

9 車縫袋口

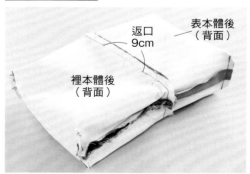

返口
9cm

表本體後
（背面）

裡本體後
（背面）

① 對齊表本體＆裡本體的袋口，預留9cm
返口車縫一圈。

② 燙開袋口縫份。

③ 由返口翻至正面。

藏針縫

④ 以藏針縫縫合返口（藏針縫縫法參見 p.93）。

0.3

⑤ 在袋口0.3cm處壓線。

10 裝上磁釦（手縫式）

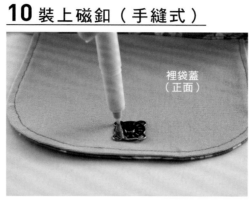

裡袋蓋（正面）

① 將凸面磁釦對齊安裝位置，以粉土筆作 4個記號。

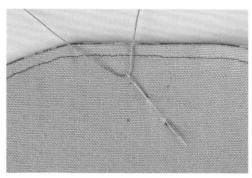

② 打始縫結，由裡袋蓋的磁釦安裝位置入 針。不挑縫裡袋蓋，從任一記號出針。

③ 放上凸面磁釦，從釦孔出針，再緊靠前 一出針處下方挑縫出針。

④ 將針穿過線圈。

⑤ 拉緊縫線。

⑥ 4個釦孔各重複縫3次，縫牢凸面磁釦。

表本體前（正面）

⑦ 依相同作法將凹面磁釦縫於表本體前。

完成！

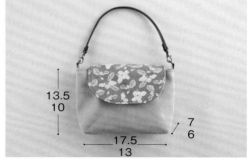

13.5
10
7
6
17.5
13

⑧ 提把扣接吊耳。※上段尺寸是a，下段 是b。

9

扁平式

戲法波奇包

將p.24的戲法波奇包簡化成無側身的扁平式。
縫紉新手可先從本款入門試作。

作法 ▶ **p.66**

https://youtu.be/WPP_4G7j0C8

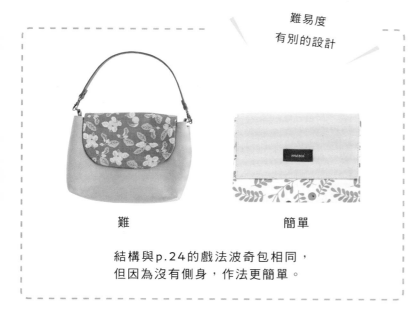

難易度
有別的設計

難　　　　　簡單

結構與p.24的戲法波奇包相同，
但因為沒有側身，作法更簡單。

內側反摺的模樣。
任一個口袋都看不到縫份的簡潔構造。

好神奇！

可享受三個口袋的布料各不相同的變化樂趣。

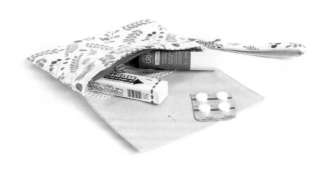

推薦收納口紅、藥品與小飾品等瑣細物品。

也可當卡片夾或通行卡夾使用。

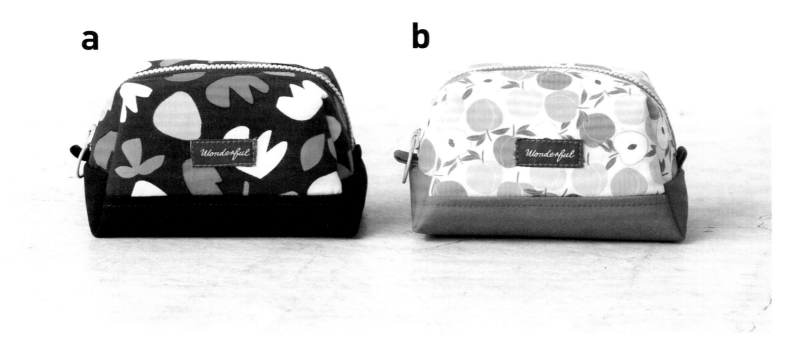

a   b

10 形似跳箱的 梯型波奇包

造型獨特的橫長梯型波奇包。如小跳箱般，可愛到讓人想用不同的花樣布多作幾個！

難易度：★★★☆☆

可愛逗趣的
四角造型！

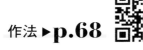

作法▶p.68

https://youtu.be/Wh1TvwTAKp8

大圖案印花×素色布的組合速配度◎。

內裡也統一使用活潑的明亮色。

難易度：★★★☆☆

a

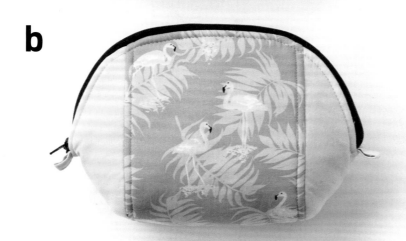

b

c

側面的結構。

將內裡外翻的模樣。附有口袋。

11

形似雙殼貝的

圓弧底波奇包

將布片對摺再接縫拉鍊，就能完成造型如貝殼般的波奇包。因為加上鋪棉而顯得蓬鬆，圓鼓鼓的特別可愛討喜。

作法 ▶ p.70

https://youtu.be/5BiW6Pd5ITw

35

12

拱形 小肩包

袋口柔和圓潤的拱形小肩包。重要物品可放入兩個拉鍊口袋中，
避免不慎掉落；常用物品則放在中間的開放式口袋以便拿取。

難易度：★★★★★

https://youtu.be/rg2JSisHIWE

作法 ▶p.74

壓棉布使袋體具備優秀度◎的緩衝性。側身布不修剪，直接取代斜布條包覆縫份就OK。

縫份的包覆方式是獨家秘密！

輕鬆隨手拿！

左側口袋加上側身。帶出厚度的立體感格外可愛。

手機等經常取放的物品就放在中間。

13

口袋多多，收納好方便！

托特包

a

b

沿著本體外側接縫了6個口袋，
使物品歸位整理更便利，每天攜帶出門超實用。

口袋多多
真方便！

可輕鬆收納長夾的大小。手機放脇邊口袋
剛剛好。

裡側還有水瓶套。

設計重點是將底部加長2cm，讓下半部
更加穩固，以提升包體的站立性。

作法 ▶p.78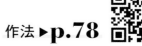

https://youtu.be/s6DIk1gyGbQ

PART 3

其他各式各樣
巧思小物！

布作家「主婦のミシン」還有非常
多的創意巧思，包括居家裝飾小
物、化妝包、筆袋等，此章收錄了
許多獨特有趣的日常布物。

14 外觀＆收納力都大滿足！
化妝波奇包

作法 ▶p.81

https://youtu.be/ND5x-Imvaaw

難易度：★★☆☆☆

用力束緊袋口時，看起來跟屋頂沒兩樣的化妝包，十分逗趣！
附有提把，想要隨身帶著走也很方便。

輕鬆拿取！

共有2大＋10小的分格空間。

使用時將上方的束口反摺，
物品一覽無遺，取物放入都容易！

41

15

家中有一個超便利！
工具收納袋

方便收納文具、裁縫用具、棒針與廚房用品的工具袋。
也是Instagram上造成話題的人氣小物。

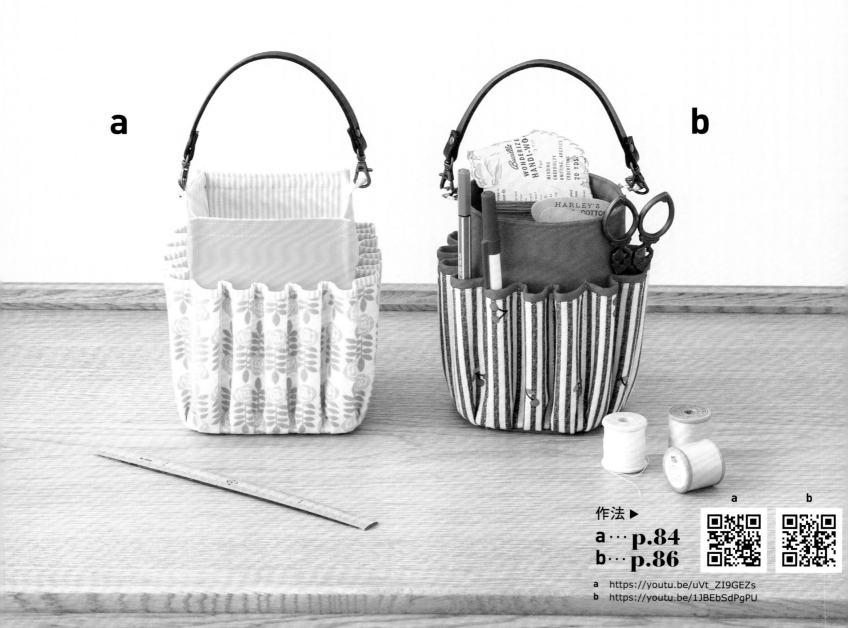

a

b

作法▶
a⋯**p.84**
b⋯**p.86**

a https://youtu.be/uVt_ZI9GEZs
b https://youtu.be/1JBEbSdPgPU

裝得下
這麼多東西！

吊掛在房間也OK！

提把可拆下。

簡單！

略有難度！

若覺得「圓底好難縫！」可從左邊的方底款式著手。

支架口金 三種新用法！

「主婦のミシン」發揮嶄新創意，
讓向來用於波奇包袋口的支架口金有了新用途！

使用15cm
支架口金！

16 釦絆式 支架口金包

不必裝拉鍊！

難易度：★☆☆☆☆

說到支架口金波奇包一般都是搭配拉鍊，但何不換個想法以釦子開闔？
不必麻煩地安裝拉鍊，正是魅力所在。

作法 ▶p.88

https://youtu.be/2oq76pPc-Qw

袋口可以完全敞開，
方便拿取。

不裝拉鍊、只縫上釦子，
簡單多了！

17 手提包

難易度：★☆☆☆☆

誰想得到呢！把口金當成提把，作成迷你手提包。
可放入手機、手帕及鑰匙，適合在近處外出一會兒時使用。

支架口金
變身提把！

作法 ▶p.90

https://youtu.be/4pMobZ-H3hY

44

18 壁掛收納盒

難易度：★★☆☆☆

a

盒蓋裝上
支架口金！

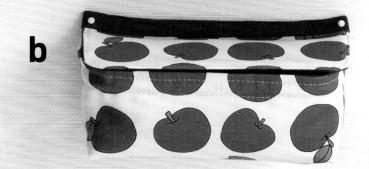

b

製作橫長型的小物收納盒，但將支架
口金轉成水平方向安裝於盒蓋。可以
圖釘將收納盒固定於牆上使用。

c

存放車縫線或紙膠帶都很剛好！

作法 ▶ **p.92**

https://youtu.be/y4d5TsCcaA0

19

唰——地打開！

創新設計筆袋

a

b

將提把往下一拉，雙拉鍊唰——地打開，
有趣又好玩的筆袋。還能像牛奶盒一樣，
打開拉鍊立放使用。

作法 ▶p.94

https://youtu.be/v0QqE4c-Pyk

袋口上方裝有隱形磁釦。

唰——
打開了！

迅速取出

也可以像筆筒般立放。

在開始製作之前

動手縫製前，請先在此閱覽＆熟悉縫紉的基本知識。

【 必備的裁縫用具＆材料 】

紙鎮
固定之用。在複寫原寸紙型或於布上複寫紙型時，以紙鎮固定避免移位。

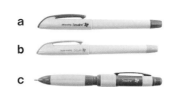

a
b
c

粉土筆・布用自動鉛筆
在布上作記號用。a會隨時間自然消失，b是水消筆，c為自動鉛筆式，優點是容易畫線。

布剪
裁布用剪刀。若用來剪紙，刀刃容易變鈍，最好另外準備紙用剪刀。

紗線剪
主要用來剪線，進行瑣細作業時也能派上用場。

牛皮紙
用來製作原寸紙型的薄透紙張。複寫紙型時將粗糙面朝上。

定規尺
用來測量長度與畫線。若有透明方格尺，描畫縫份寬度時會更方便。

錐子
可在車縫時輔助送布、挑出尖角，或拆除縫線。

珠針
用來固定布。

強力夾
用來固定不能使用珠針的防水布或太厚的布。

60號車縫線
本書皆使用60號車縫線。請依布的厚度使用11至14號車針。

紙膠帶
貼在縫紉機的針板上當成指引線，或用來固定防水布。

【 製作紙型 】

※本書的原寸紙型除了特別指定處之外皆不含縫份，請加上標示的縫份再裁布。
※作法中標示的數字單位皆為cm（公分）。

複寫原寸紙型

① 將牛皮紙疊至要製作的作品紙型上，以紙鎮固定避免移位。

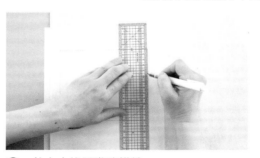

② 放上方格尺準確描線。

③ 記得一併複寫接縫位置、合印與布紋線等，再裁剪成複寫的形狀。

製圖・紙型記號

完成線	指引線	摺雙裁剪記號
———————	———	— — —
布紋線	山摺線	車縫線・縫線
←——————→	— — —	- - - - - - -
磁釦位置	摺襉的摺法	
＋	b⟍a　⟶	b⟍a

※布紋線…箭頭方向與布料的直布紋平行。

裁布圖的讀法

參考作法頁面的裁布圖，配置原寸紙型，並加上縫份再裁布。無原寸紙型的作品，請直接以粉土筆等畫線裁剪。除非特別指定，裁布圖標示的布幅寬皆為製作作品所需的寬度，並非市售布料的布幅。

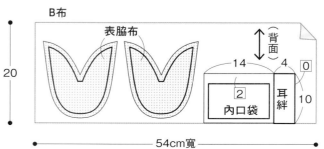

B布
表脇布
背面
裡袋蓋
磁釦安裝位置
14　4　0
20
2
內口袋
耳絆
10
54cm寬

摺雙的紙型

摺雙是指對半的狀態。可將布對半摺疊剪裁，或如圖所示製作一個展開的紙型來裁布。作法是先複寫摺雙紙型，再將紙型翻面，對齊摺雙線描畫另一半紙型。

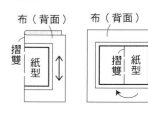

布（背面）　布（背面）
摺雙　紙型　摺雙　紙型

【燙貼接著襯・單膠鋪棉】

接著襯 接著襯可以增加布的張力，或用來補強及防止變形。本書使用以下三種接著襯。

單膠鋪棉
想增加布的厚度，及營造蓬鬆感時使用。

厚

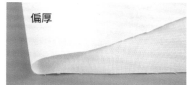
偏厚

一般厚

home craft／プレシオン輕鬆燙布襯《硬挺型》厚／hc888sow

home craft／プレシオン輕鬆燙布襯《堅挺型》偏厚／hc777sow

home craft／プレシオン輕鬆燙布襯《柔挺型》一般厚／hc666sow

接著襯燙貼方式
將有膠面疊至布的背面，並在最上層放置墊布，燙貼時熨斗不要滑動，採按壓方式，且每次約重疊一半地移動熨斗，避免遺漏而未能完全貼合。

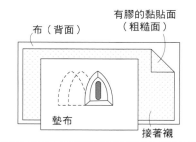
有膠的黏貼面（粗糙面）
布（背面）
墊布
接著襯

單膠鋪棉燙貼方式
將布背面朝下，疊在鋪棉的黏貼面上，墊布則放在布的正面上方，其餘燙貼方式與接著襯相同。燙襯時需注意不要太用力按壓，以免鋪棉壓扁外展。

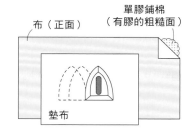
單膠鋪棉（有膠的粗糙面）
布（正面）
墊布

【車縫方法】

●起針＆收針
起針＆收針都要進行回針縫。回針縫是在同一針腳重複車縫2至3次。

進行0.5至1cm的回針縫
（背面）
重複車縫2至3次
背面

●轉角縫法
轉角跳過1針，翻至正面時就可挑出漂亮的直角。

車針在距轉角1針時維持刺入狀態，接著抬起壓布腳＆旋轉布。
→
放下壓布腳，斜向車縫1針。
→
車針保持刺入狀態，抬起壓布腳＆旋轉布。

POINT
縫份寬度

縫紉機的針板上若無刻度，可先量好縫份寬度，將針板上紙膠帶當成指引線，再將布邊對齊紙膠帶進行車縫，即可不畫車縫線也能保持一定寬度地筆直車縫。

【防水布處理方式】

裁法

紙型
（背面）

若用珠針固定紙型，防水布會出現針孔，因此改以紙鎮固定，並在轉角貼上紙膠帶。

縫法 換上「鐵氟龍壓布腳」，或在壓布腳下墊放「腰帶襯」，再進行車縫。

鐵氟龍壓布腳
因為防水布比較澀，所以需換上專用壓布腳。

or

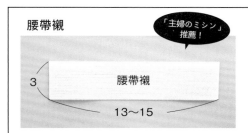
腰帶襯
「主婦のミシン」推薦！
3
13～15

將寬3cm的腰帶襯剪下約13至15cm長，墊在壓布腳下，車縫作業就會變得比較滑順。

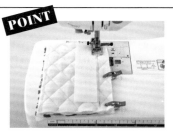
POINT
容易延展的厚壓棉布也能工整車縫。

●腰帶襯用法

① 因使用珠針會出現針孔，改以強力夾固定。

② 將腰帶襯墊在壓布腳下，進行車縫作業。

③ 以手推展，使縫份倒向兩側。

④ 為了壓平縫份，同樣墊上腰帶襯，由正面側進行車縫。

POINT LESSON

磁釦安裝方法（插孔式）

p.14 ③

以磁鐵固定的插孔式磁釦。

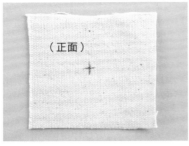

① 燙貼接著襯後，以粉土筆在布的正面作記號。

② 墊片對齊①的記號，在插入插腳的位置作記號。

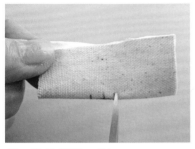

③ 將②對摺，剪切口。

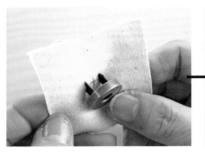

④ 插腳插入切口。

⑤ 套上墊片。

⑥ 以鉗子將插腳摺向外側。

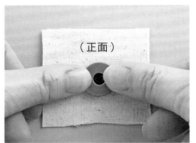

⑦ 布翻回正面，利用桌面等將插腳壓平。

⑧ 另一邊也依相同作法裝上磁釦。

支架口金穿法

p.44 16

寬約15cm×高5cm的支架口金。

p.44 17

① 從本體的口金穿入口將口金穿入。

p.45 18

② 穿至另一端的穿入口為止。

③ 兩側都穿入口金。

塑膠四合釦安裝方法

p.16 4 　　　p.18 5 　　　p.22 7 　　　p.36 12

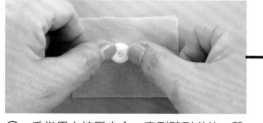

面釦　母釦（凹）　面釦　公釦（凸）

只用手就能安裝的塑膠四合釦。

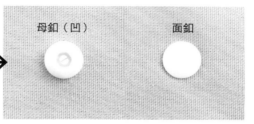

① 以錐子在安裝位置戳洞。

② 從孔洞下方穿入面釦，上面套入母釦（凹）。

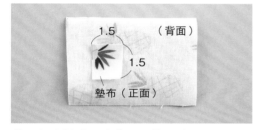

③ 手指用力按壓夾合，直到聽到啪的一聲。

母釦（凹）　　面釦

④ 依相同作法安裝公釦（凸）。

公釦（凸）　　面釦

【 安裝於防水布時 】

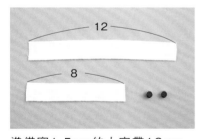

（背面）
1.5
1.5
墊布（正面）

① 在安裝位置的背面疊放單邊1.5cm的方形墊布。

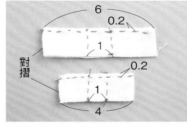

② 連同墊布一起戳洞。

母釦（凹）　　面釦

③ 依相同作法裝上塑膠四合釦。

隱形磁釦作法　p.46 19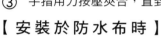

12

8

準備寬1.5cm的人字帶12cm、8cm各1條，以及1組磁釦。

6
0.2
1
對摺
0.2
1
4

① 對摺人字帶，如圖示車縫上側邊&中心。

② 在人字帶的中心各放入1個正負磁釦。

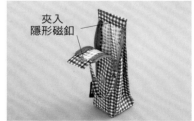

4　　　6

③ 以強力夾固定下側邊。

注意！

④ 重疊兩片人字帶，並確認磁釦相吸。

⑤ 以粉土筆各自作記號。

夾入
隱形磁釦

⑥ 將人字帶的記號側疊在安裝位置的布背面，車縫固定（詳細作法參見p.95）。

（表本體A、裡本體A）

【材料】
A布（花卉棉布／WILDFLOWER-flower bed〈d1yf102〉）…寬40cm×40cm
B布（素面牛津布／紫丁香色〈sm0083w〉）…寬25cm×30cm
C布（閃亮圖案棉布／SNORKELING-glitter〈d1yf214〉）…寬50cm×40cm
接著襯（home craft／プレシオン輕鬆燙布襯《堅挺型》偏厚／hc777sow）
…寬50cm×40cm
D型環（1cm）…2個
磁釦（直徑1.8cm·手縫式）…1組

【車縫前的準備】
於表本體 A·B背面燙貼接著襯。

裁布圖

※表本體B、裡本體B、吊耳及口袋無原寸紙型，直接於布上畫線裁剪。
※□內的數字為縫份。除了指定處之外，縫份皆為1cm。
※ □ ＝燙貼接著襯。

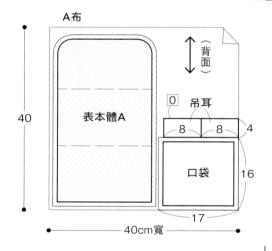
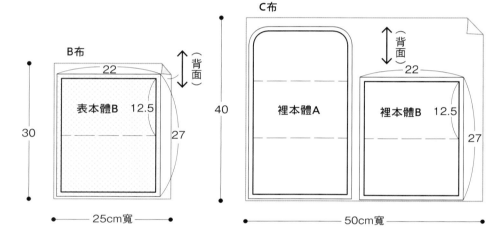

【作法】

1 製作口袋

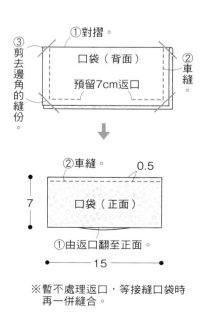

2 製作本體A

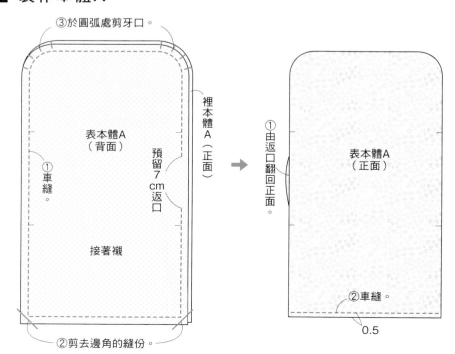

3 製作本體B

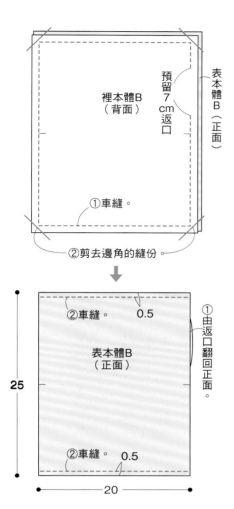

裡本體B（背面）
預留7cm返口
表本體B（正面）
①車縫。
②剪去邊角的縫份。

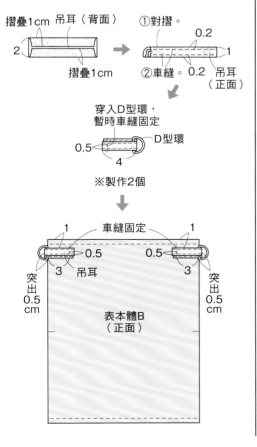

②車縫。 0.5
①由返口翻回正面。
表本體B（正面）
②車縫。 0.5
25
20

4 製作吊耳＆接縫於表本體B

摺疊1cm
吊耳（背面）
2
摺疊1cm

①對摺。
0.2
②車縫。 0.2
1
吊耳（正面）

穿入D型環，暫時車縫固定
0.5
D型環
4

※製作2個

1
車縫固定
1
0.5
0.5
3
吊耳
3
突出0.5cm
突出0.5cm
表本體B（正面）

5 將口袋縫至裡本體A

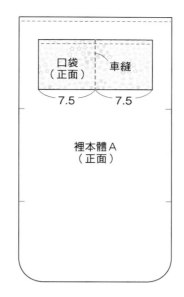

口袋（正面）
車縫
7.5
7.5
裡本體A（正面）

6 對齊本體A・B，續縫至口袋

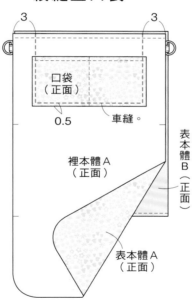

3
3
口袋（正面）
0.5
車縫。
裡本體A（正面）
表本體B（正面）
表本體A（正面）

7 摺疊本體A・B的底側

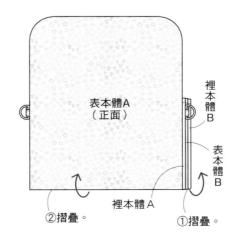

表本體A（正面）
裡本體B
表本體B
②摺疊。
裡本體A
①摺疊。

8 車縫本體B脇邊線

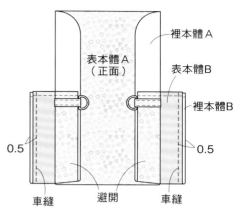

裡本體A
表本體B
表本體A（正面）
裡本體B
0.5
0.5
車縫
避開
車縫

9 續縫本體A脇邊線＆袋蓋一圈

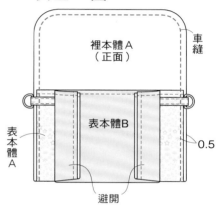

裡本體A（正面）
車縫
表本體A
表本體B
0.5
避開

10 縫上磁釦

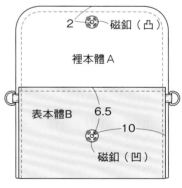

2 磁釦（凸）
裡本體A
表本體B
6.5
10
磁釦（凹）

※磁釦的縫法參見p.31。

完成！

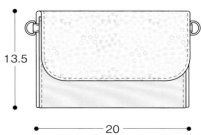

13.5
20

53

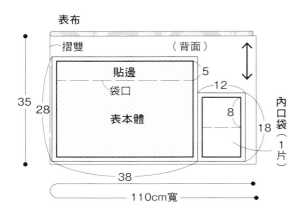

【材料】
表布（鬱金香圖案牛津布／Tulip〈d1yf1599〉）…寬110cm×35cm
裡布（素面牛津布／生成色《殘留小黑點天然布》〈sm00831〉）
…寬110cm×70cm
接著襯（home craft／プレシオン輕鬆燙布襯《堅挺型》偏厚／hc777sow）
…寬94cm×60cm
磁釦（直徑1.8cm・插孔式）…1組

【車縫前的準備】
於表本體&底布的背面燙貼接著襯。

裁布圖

※無原寸紙型，直接於布上畫線裁剪。
※□內的數字為縫份。除了指定處之外，縫份皆為1cm。
※□＝燙貼接著襯。

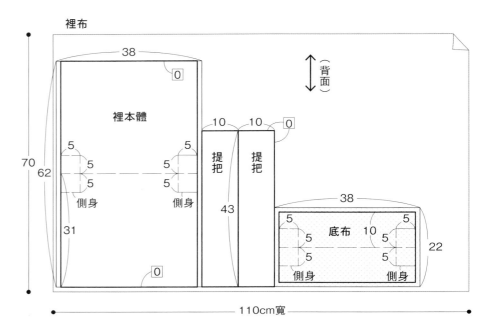

【作法】

1 車縫表本體&底布

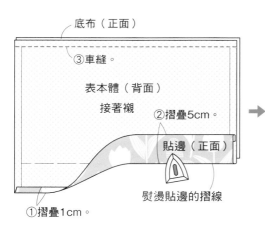

2 車縫表本體的脇邊線

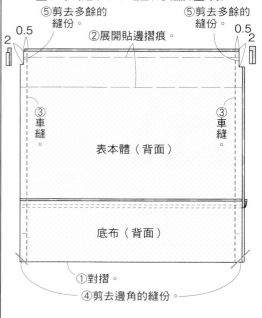

3 車縫表本體的側身

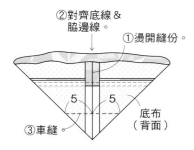

②對齊底線＆
脇邊線。 ①燙開縫份。

5　5

③車縫。 底布（背面）

4 製作內口袋＆縫至裡本體

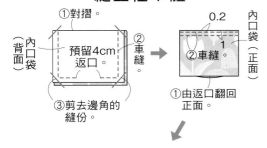

①對摺。　　　0.2　內口袋（正面）
內口袋（背面）
預留4cm返口　②車縫。　1　②車縫
③剪去邊角的縫份。　①由返口翻回正面。

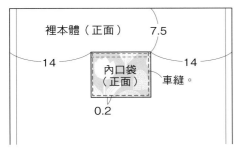

裡本體（正面）　7.5
14　內口袋（正面）　14　車縫。
0.2

5 車縫裡本體的脇邊線

②車縫。
裡本體（背面）
①對摺。
③剪去邊角的縫份。

6 車縫裡本體的側身

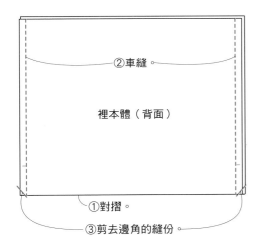

②對齊底線＆脇邊線。　①燙開縫份。
5　5
③車縫。　裡本體（背面）

7 對齊表本體＆裡本體，車縫側身的縫份

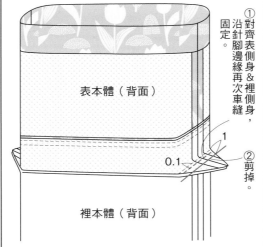

表本體（背面）

①對齊表側身＆裡側身，沿針腳邊緣再次車縫固定。
1
0.1　②剪掉。

裡本體（背面）

8 車縫貼邊

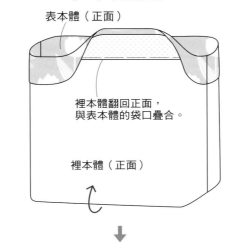

表本體（正面）

裡本體翻回正面，與表本體的袋口疊合。

裡本體（正面）

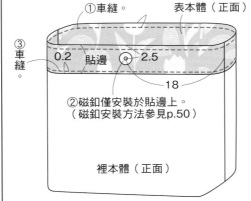

③車縫。　①車縫。　表本體（正面）
0.2　貼邊　2.5
18
②磁釦僅安裝於貼邊上。（磁釦安裝方法參見p.50）

裡本體（正面）

9 製作提把

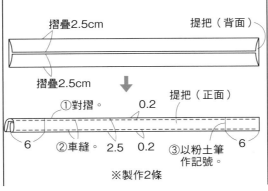

摺疊2.5cm　提把（背面）
摺疊2.5cm

①對摺。　0.2　提把（正面）
6　②車縫。　2.5　0.2　6　③以粉土筆作記號。

※製作2條

10 接縫提把

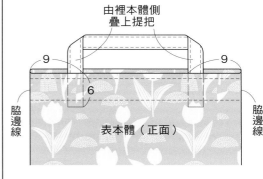

由裡本體側疊上提把
9　　9
6
脇邊線　表本體（正面）　脇邊線

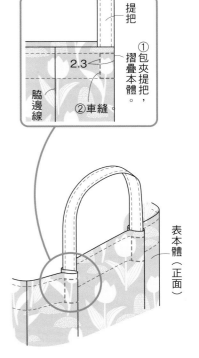

提把
①包夾摺疊提把，夾本體。
2.3
脇邊線　②車縫。

表本體（正面）

完成！

26
26　10

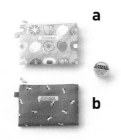
a

b

p.16 4
放口罩也OK！萬用面紙波奇包

【a材料】
表布（花卉防水布／Lovely flowers〈shlm-cg972482〉）…寬50cm×20cm
裡布（素面聚酯纖維／白色）…寬70cm×20cm
金屬拉鍊（12cm）…1條、塑膠四合釦（直徑1.3cm）…1組、布標（寬1cm長5.5cm）…1片

【b材料】
表布（小狗圖案棉布／Park-happy dog〈d1yf420〉）…寬50cm×30cm
裡布（條紋棉布／Find the animals-tree〈d1yf425〉）…寬70cm×20cm
接著襯（home craft／プレシオン輕鬆燙布襯《柔挺型》一般厚／hc666ow）…寬30cm×20cm
金屬拉鍊（12cm）…1條、塑膠四合釦（直徑1.3cm）…1組、布標（寬1cm長5.5cm）…1片

【車縫前的準備】
於b表本體A・表本體B的背面燙貼接著襯。

裁布圖

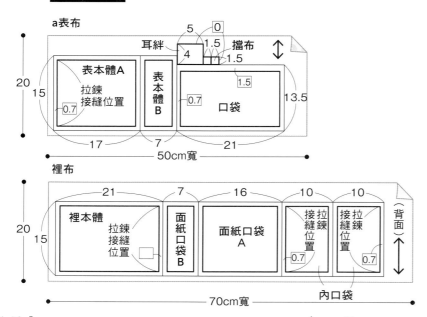

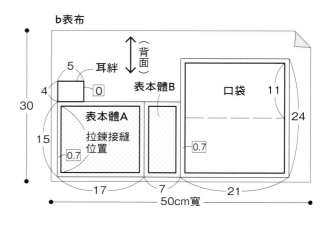

※無原寸紙型，直接於布上畫線裁剪。
※□內的數字為縫份。除了指定處之外，縫份皆為1cm。
※ □ ＝燙貼接著襯。

【作法】

1 車縫表本體A・面紙口袋A

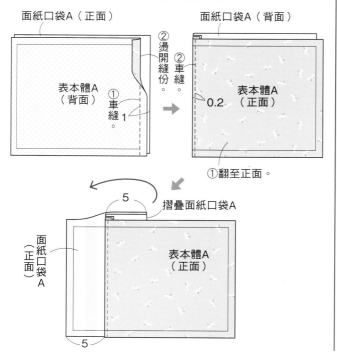

2 車縫表本體B・面紙口袋B

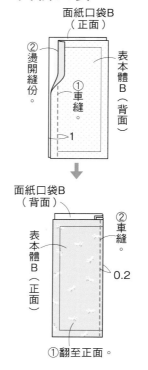

3 將表本體B疊至表本體A上車縫

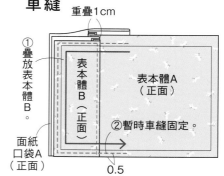

4 拉鍊接縫於表本體A

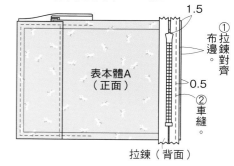

5 製作＆縫上耳絆

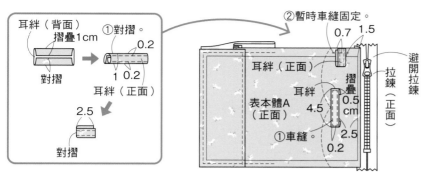

耳絆（背面）
摺疊1cm
①對摺。
0.2
1 0.2
對摺
耳絆（正面）
2.5
對摺

②暫時車縫固定。
0.7 1.5
耳絆（正面）
耳絆
表本體A（正面）
摺疊 0.5cm
避開拉鍊
拉鍊（正面）
①車縫。
4.5
2.5
0.2

6 將內口袋疊至5上方，車縫固定

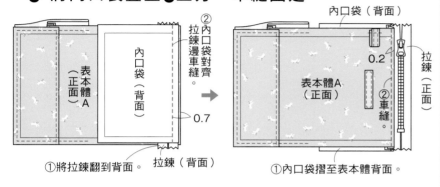

②內口袋拉鍊邊對齊車縫。
表本體A（正面）
內口袋（背面）
0.7
①將拉鍊翻到背面。
拉鍊（背面）

內口袋（背面）
0.2
表本體A（正面）
②車縫。
拉鍊（正面）
①內口袋摺至表本體背面。

7 製作口袋＆縫至裡本體

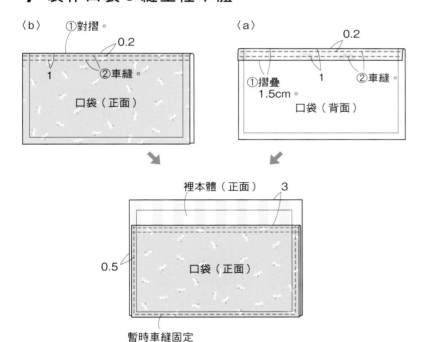

〈b〉
①對摺。
0.2
1
②車縫。
口袋（正面）

〈a〉
0.2
①摺疊 1.5cm。
1
②車縫
口袋（背面）

裡本體（正面）
3
0.5
口袋（正面）
暫時車縫固定

8 將裡本體疊至6上方，最下層則疊放剩下的內口袋＆車縫固定

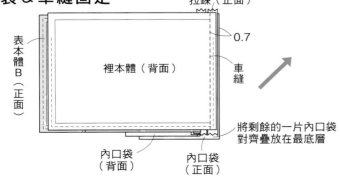

拉鍊（正面）
表本體B（正面）
裡本體（背面）
0.7
車縫
①將剩餘的一片內口袋對齊疊放在最底層
內口袋（背面）
內口袋（正面）

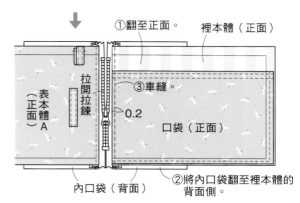

①翻至正面。
裡本體（正面）
表本體A（正面）
拉開拉鍊
③車縫。
0.2
內口袋（背面）
口袋（正面）
②將內口袋翻至裡本體的背面側。

9 對齊表本體A、裡本體及各內口袋，車縫一圈

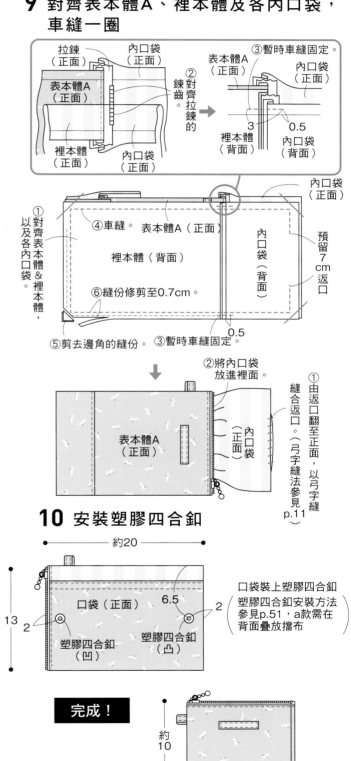

拉鍊（正面）
內口袋（正面）
表本體A（正面）
②對齊拉鍊的鍊齒
裡本體（正面）
內口袋（正面）

③暫時車縫固定。
表本體A（正面）
內口袋（正面）
裡本體（背面）
內口袋（背面）
3 0.5

①對齊表本體＆裡本體，以及各內口袋，
④車縫。 表本體A（正面）
裡本體（背面）
⑥縫份修剪至0.7cm。
⑤剪去邊角的縫份。
③暫時車縫固定。
內口袋（背面）
內口袋（正面）
預留7cm返口
0.5

②將內口袋放進裡面。
表本體A（正面）
內口袋（正面）
①由返口翻至正面，以弓字縫縫合返口。（弓字縫法參見p.11）

10 安裝塑膠四合釦

約20
13
2
口袋（正面） 6.5 2
塑膠四合釦（凹）
塑膠四合釦（凸）
口袋裝上塑膠四合釦塑膠四合釦安裝方法參見p.51，a款需在背面疊放擋布

完成！

約10
13

p.18 ⑤
魔術開口零錢包

（表本體、裡本體）

【材料】
表布（花卉棉布／梨花〈cg984752〉）…寬30cm×30cm
裡布（素面牛津布／灰褐色〈sm0083d〉）…寬45cm×30cm
接著襯（home craft／輕鬆燙布襯《堅挺型》偏厚／hc777sow）…寬30cm×30cm
FLATKNIT拉鍊（15cm）…1條
塑膠四合釦（直徑1.3cm）…1組

【車縫前的準備】
於表本體&表口袋的背面燙貼接著襯（縫份除外）。

【作法】

1 將拉鍊&內口袋 接縫於本體

②車縫。
①拉鍊對齊布邊。

拉鍊（背面）
表本體（正面）
0.5

0.7
車縫
表本體（正面）
內口袋（背面）

拉開拉鍊

②車縫。
表本體（正面）
拉鍊（正面）
0.2
①將內口袋翻至表本體背面。
內口袋（背面）

裁布圖

※表口袋、裡口袋及內口袋無原寸紙型，直接於布上畫線裁剪。
※□內的數字為縫份。除了指定處之外，縫份皆為1cm。
※ ▢ ＝燙貼接著襯。

表布
30
30cm寬
（背面）
表本體
0.7
表口袋
13
15
6.5

裡布
30
45cm寬
（背面）
裡本體
0.7
裡口袋
13
6.5 15
內口袋
13
0.7
9.2
內口袋
0.7

內口袋疊至拉鍊背面
表本體（正面）
拉鍊（正面）
內口袋（正面）

車縫
0.7
裡本體（背面）
拉開拉鍊
內口袋（正面）

裡本體翻至正面車縫
表本體（正面）
0.2
裡本體（正面）
內口袋（背面） 內口袋（背面）

2 對齊表本體、裡本體及各內口袋，車縫一圈

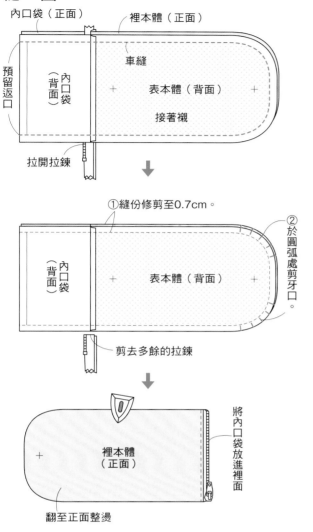

內口袋（正面）　裡本體（正面）

車縫

內口袋（背面）

預留返口

表本體（背面）

接著襯

拉開拉鍊

①縫份修剪至0.7cm。

②於圓弧處剪牙口。

內口袋（背面）

表本體（背面）

剪去多餘的拉鍊

裡本體（正面）

將內口袋放進裡面

翻至正面整燙

3 製作口袋

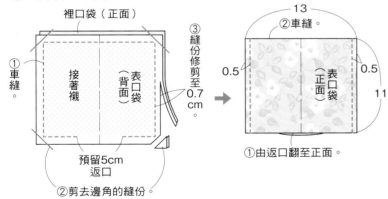

裡口袋（正面）

①車縫。

接著襯

表口袋（背面）

③縫份修剪至0.7cm。

預留5cm返口

②剪去邊角的縫份。

13

②車縫。

0.5　0.5　11

表口袋（正面）

①由返口翻至正面。

4 口袋縫至本體

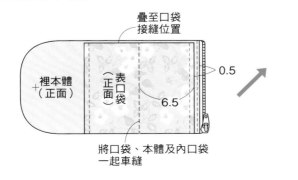

疊至口袋接縫位置

裡本體（正面）

表口袋（正面）

0.5

6.5

將口袋、本體及內口袋一起車縫

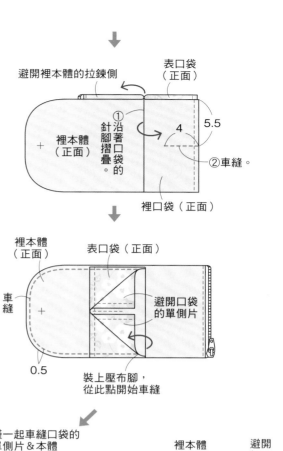

避開裡本體的拉鍊側

表口袋（正面）

裡本體（正面）

①沿著口袋的針腳摺疊。

4　5.5

②車縫。

裡口袋（正面）

裡本體（正面）

表口袋（正面）

車縫

避開口袋的單側片

0.5

裝上壓布腳，從此點開始車縫

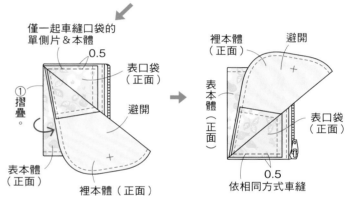

僅一起車縫口袋的單側片＆本體

0.5

表口袋（正面）

避開

①摺疊。

表本體（正面）

裡本體（正面）

裡本體（正面）

避開

表口袋（正面）

表本體（正面）

表口袋（正面）

0.5

依相同方式車縫

5 安裝塑膠四合釦

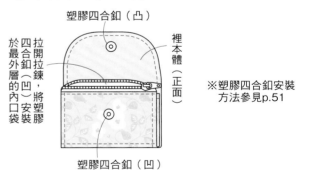

塑膠四合釦（凸）

裡本體（正面）

於最外層的內口袋安裝塑膠四合釦，拉開拉鍊四合釦（凹），將安裝塑膠

※塑膠四合釦安裝方法參見p.51

塑膠四合釦（凹）

完成！

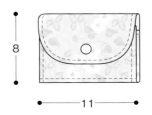

8

11

59

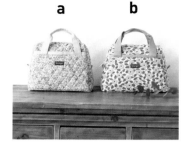
a　b

也太卡哇伊了！梯型迷你波士頓包

原寸紙型
A面

（表本體、裡本體、表口袋、裡口袋）

【a材料】
表布（碎花壓棉布／FORGET ME NOT-blue〈qt_smfmnb〉）…寬80cm×60cm
裡布（素面牛津布／粉藍色〈sm0083g〉）…寬90cm×70cm
VISLON拉鍊（ykk18117355／米白《030》／35cm）…1條
布標（約寬1.5cm長4.5cm／刺繡布標19 wonderful〈d1yf-tag19〉）…1片

【b材料】
表布（花卉壓棉布／庭園花卉〈qt_cg978239〉）…寬80cm×60cm
裡布（素面牛津布／粉陶色〈sm0083h〉）…寬90cm×70cm
VISLON拉鍊（ykk18117355／米白《030》／35cm）…1條
布標（約 1.5cm長4.5cm／刺繡布標19 wonderful〈d1yf-tag19〉）…1片

裁布圖

※提把＆耳絆無原寸紙型，直接於布上畫線裁剪。
※□內的數字為縫份。除了指定處之外，縫份皆為1cm。
※表口袋＆裡口袋的紙型不含縫份。

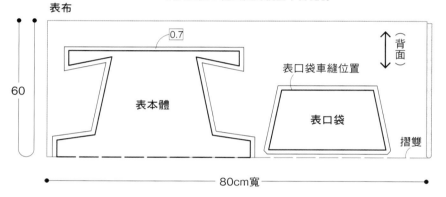

表布
60
80cm寬
0.7
表本體
表口袋車縫位置
表口袋
（背面）
摺雙

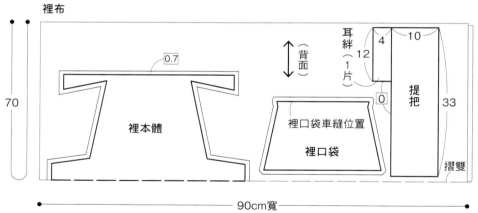

裡布
70
90cm寬
0.7
裡本體
裡口袋車縫位置
裡口袋
（背面）
耳絆（1片）
提把
12　4　10
0
33
摺雙

【作法】

1 製作提把＆接縫於表口袋

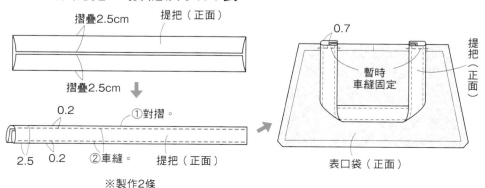

摺疊2.5cm
提把（正面）
摺疊2.5cm
0.2
①對摺。
0.2
2.5
②車縫。
提把（正面）
※製作2條

0.7
暫時
車縫固定
提把（正面）
表口袋（正面）

2 製作口袋

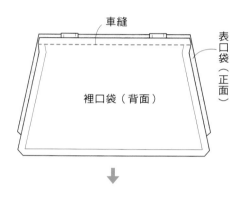

車縫
表口袋（正面）
裡口袋（背面）

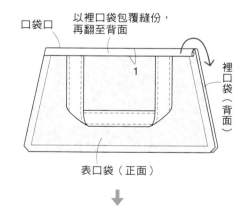

口袋口
以裡口袋包覆縫份，再翻至背面
1
裡口袋（背面）
表口袋（正面）

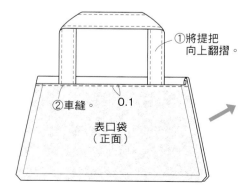

①將提把向上翻摺。
②車縫。
0.1
表口袋（正面）

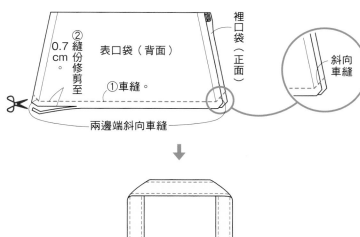

↓

②表口袋＆裡口袋
正面疊合。

①避開提把。

表口袋（正面）

裡口袋（背面）

↓

②0.7cm縫份修剪至。

①車縫。

表口袋（背面）

裡口袋（正面）

斜向車縫

兩邊端斜向車縫

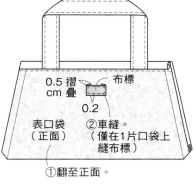

↓

0.5cm摺疊

布標

0.2

①翻至正面。

表口袋（正面）

②車縫。（僅在1片口袋上縫布標）

※另一片作法亦同

3 將口袋縫至表本體

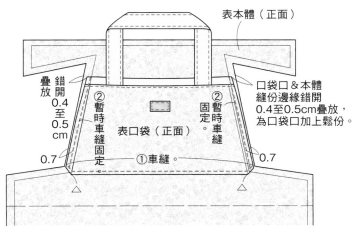

表本體（正面）

疊放錯開0.4至0.5cm

②暫時車縫固定

表口袋（正面）

②暫時車縫固定

口袋口＆本體縫份邊緣錯開0.4至0.5cm疊放，為口袋口加上鬆份。

0.7

①車縫。

0.7

※另一側作法亦同

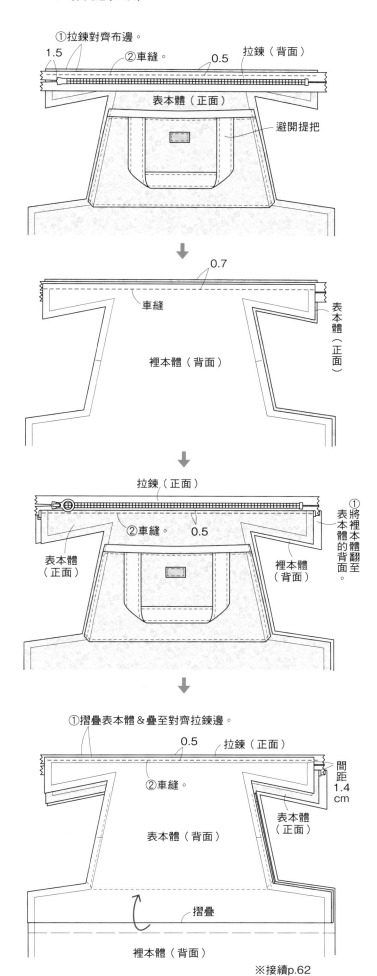

4 接縫拉鍊

①拉鍊對齊布邊。

1.5

②車縫。

0.5

拉鍊（背面）

表本體（正面）

避開提把

↓

0.7

車縫

裡本體（背面）

表本體（正面）

↓

拉鍊（正面）

②車縫。 0.5

表本體（正面）

裡本體（背面）

①將裡本體的體翻至表本體的背面。

↓

①摺疊表本體＆疊至對齊拉鍊邊。

0.5

拉鍊（正面）

②車縫。

間距1.4cm

表本體（背面）

表本體（正面）

摺疊

裡本體（背面）

※接續p.62

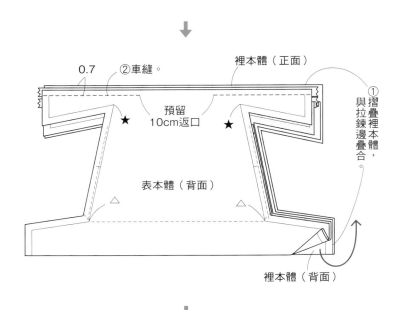

↓

0.7　②車縫。　　　　　　裡本體（正面）

預留10cm返口

★　　★

表本體（背面）

△　　△

裡本體（背面）

①摺疊裡本體，與拉鍊邊疊合。

↓

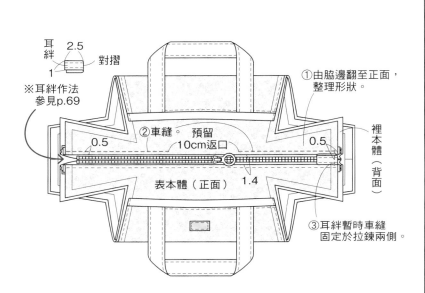

耳絆　2.5　對摺
1

※耳絆作法
參見p.69

0.5　②車縫。　預留10cm返口　0.5

表本體（正面）　1.4

①由脇邊翻至正面，整理形狀。

裡本體（背面）

③耳絆暫時車縫固定於拉鍊兩側。

5 重新摺疊本體，車縫拉鍊兩端

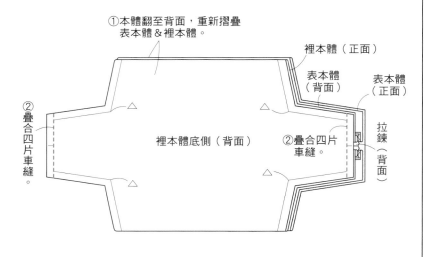

①本體翻至背面，重新摺疊表本體＆裡本體。

裡本體（正面）

表本體（背面）

表本體（正面）

②疊合四片車縫。

裡本體底側（背面）

②疊合四片車縫。

拉鍊（背面）

6 車縫側身

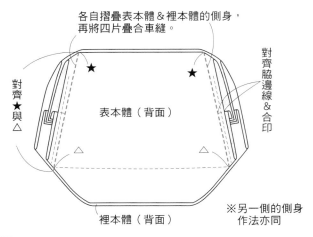

各自摺疊表本體＆裡本體的側身，再將四片疊合車縫。

對齊★與△

★　　★

表本體（背面）

△　　△

裡本體（背面）

對齊脇邊線＆合印

※另一側的側身作法亦同

7 翻至正面，處理返口

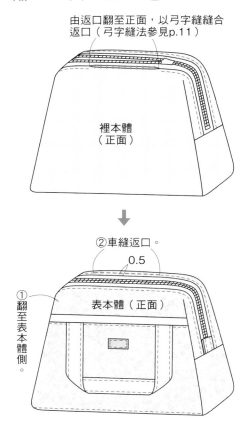

由返口翻至正面，以弓字縫縫合返口（弓字縫法參見p.11）

裡本體（正面）

↓

②車縫返口。
0.5

①翻至表本體側。

表本體（正面）

完成！

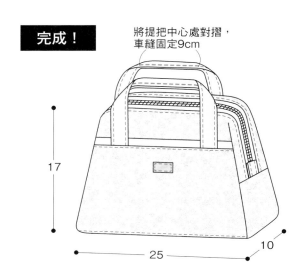

將提把中心處對摺，車縫固定9cm

17

25　　10

a　b

（表本體・裡本體・表底・裡底・表口袋・裡口袋）

【 a款材料 】
表布（花卉牛津布／Lace flower〈d1yf564〉）…寬148cm×50cm
裡布（素面牛津布／卡其色〈sm0083q〉）…寬110cm×50cm
接著襯（home craft／プレシオン輕鬆燙布襯《堅挺型》偏厚／hc777sow）…寬94cm×40cm
人字帶（寬2cm・卡其色）…80cm
圓繩（粗0.5cm・生成色）…170cm
塑膠四合釦（直徑1.4cm）…2組

【 b款材料 】
表布（刺繡白鵝棉布／GOOSE blue〈d1yf341〉）…寬148×50cm
裡布（條紋半亞麻布／NATURE-stripe〈d1yp06〉）…寬132×50cm
接著襯（home craft／プレシオン輕鬆燙布襯《堅挺型》偏厚／hc777sow）…寬94cm×40cm
人字帶（寬2cm・生成色）…80cm
圓繩（粗0.5cm・深藍色）…170cm
塑膠四合釦（直徑1.4cm）…2組

【 車縫前的準備 】
在表口袋・表底・表本體的塑膠四合釦安裝位置的背面燙貼接著襯。

裁布圖

※內口袋&提把無原寸紙型，直接於布上畫線裁剪。
※□內的數字為縫份。除了指定處之外，縫份皆為1cm。
※▨＝燙貼接著襯。

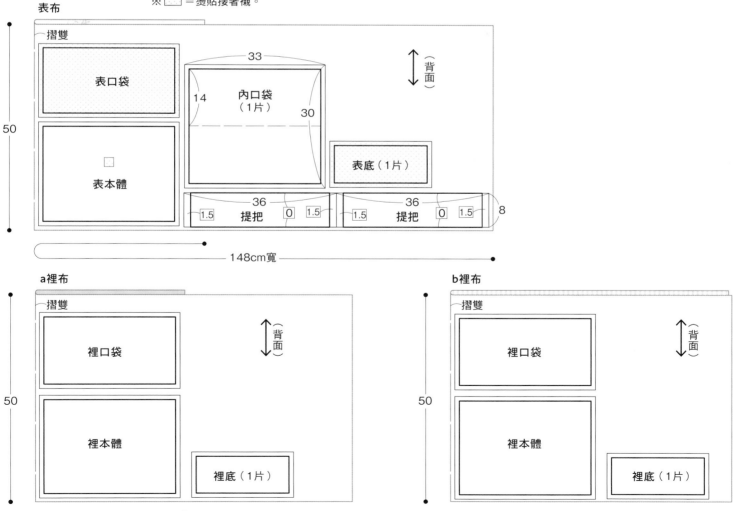

【作法】

1 製作提把 & 接縫於表口袋

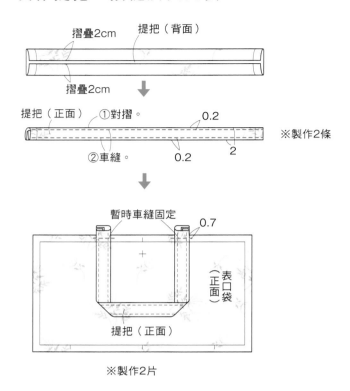

摺疊2cm　　提把（背面）

摺疊2cm

提把（正面）　①對摺。　　　0.2

②車縫。　　0.2　　　2　　　※製作2條

暫時車縫固定　　0.7

表口袋（正面）

提把（正面）

※製作2片

2 車縫表口袋 & 裡口袋的袋口

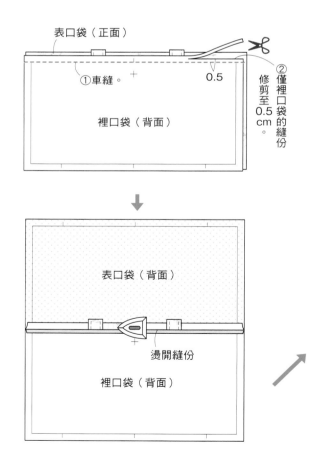

表口袋（正面）

①車縫。　　　0.5

裡口袋（背面）

②僅裡口袋的縫份修剪至0.5cm

表口袋（背面）

燙開縫份

裡口袋（背面）

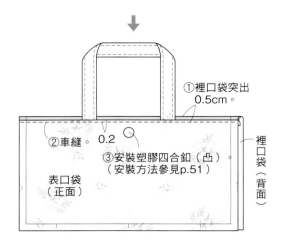

①裡口袋突出0.5cm。

②車縫。　　0.2

③安裝塑膠四合釦（凸）（安裝方法參見p.51）

表口袋（正面）

裡口袋（背面）

3 將口袋縫至表本體

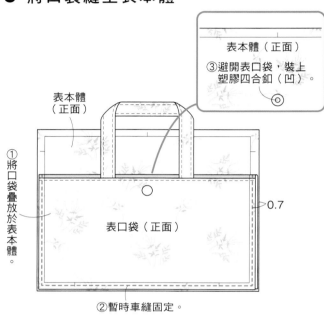

表本體（正面）

③避開表口袋，裝上塑膠四合釦（凹）。

表本體（正面）

①將口袋疊放於表本體。

表口袋（正面）　　　0.7

②暫時車縫固定。

4 製作內口袋 & 縫至裡本體

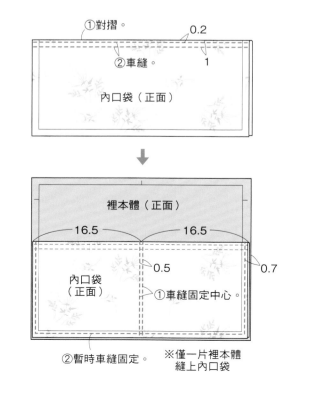

①對摺。　　　0.2

②車縫。　　　1

內口袋（正面）

裡本體（正面）

16.5　　　16.5

0.5　　　0.7

內口袋（正面）

①車縫固定中心。

②暫時車縫固定。　　※僅一片裡本體縫上內口袋

5 車縫表本體＆裡本體的袋口

避開表本體的提把車縫　　表本體（正面）

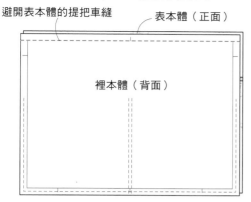

裡本體（背面）

6 車縫表本體＆裡本體的脇邊線

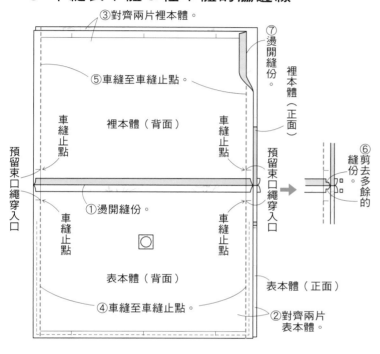

③對齊兩片裡本體。

⑦燙開縫份

⑤車縫至車縫止點。

裡本體（正面）

車縫止點　　　　　車縫止點

預留束口繩穿入口

裡本體（背面）

⑥剪去多餘的縫份

車縫止點　　　　　車縫止點

①燙開縫份。

預留束口繩穿入口

表本體（背面）

④車縫至車縫止點。

表本體（正面）

②對齊兩片表本體。

裡本體（正面）

①翻至正面整理形狀。

②車縫袋口。

表本體（正面）　0.2　　2

避開提把

表口袋（正面）

★　　0.7　　③暫時車縫固定。　★

7 車縫表底＆裡底

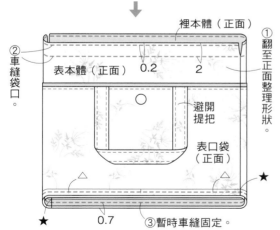

裡底（背面）　　0.7

★　表底（正面）　★

暫時車縫固定。

8 將底部接縫於本體

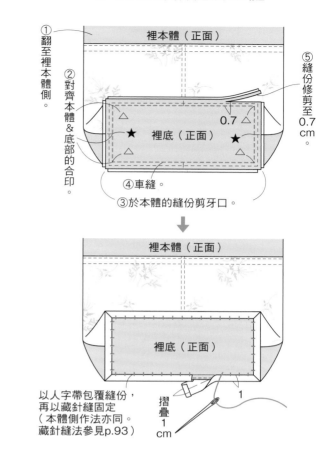

①翻至裡本體側。

裡本體（正面）

②對齊本體＆底部的合印。

⑤縫份修剪至0.7cm。

0.7

★裡底（正面）★

④車縫。

③於本體的縫份剪牙口。

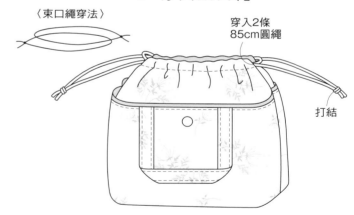

裡本體（正面）

裡底（正面）

以人字帶包覆縫份，再以藏針縫固定（本體側作法亦同。藏針縫法參見p.93）

摺疊1cm　1

9 穿入束口繩

〈束口繩穿法〉

穿入2條85cm圓繩

打結

完成！

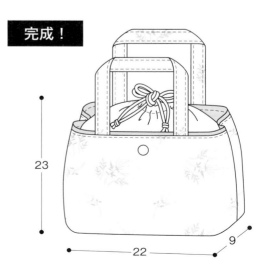

23

22　　9

p.32 4
扁平式戲法波奇包

【材料】
3入布片組（棉布／53 Fruity Pop〈fp-53fruitypop〉）
・A布（葉片與果實）…寬45cm×25cm
・B布（條紋）…寬20cm×25cm
・C布（水玉圓點）…寬20cm×25cm
D布（素面牛津布／粉藍〈sm0083g〉）…寬45cm×25cm
Flatknit拉鍊（12cm）…1條
問號鉤（1.5cm）…1個
布標（約寬1.5cm長4.5cm／刺繡布標18 merci〈d1yf-tag18〉）…1片

裁布圖

※無原寸紙型，直接於布上畫線裁剪。
※□內的數字為縫份。除了指定處之外皆為1cm。

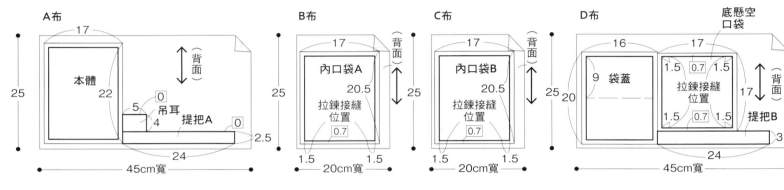

【作法】

1 製作袋蓋

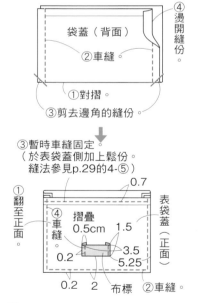

2 製作吊耳

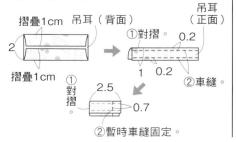

3 將袋蓋＆吊耳縫至本體

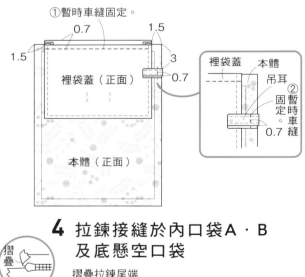

4 拉鍊接縫於內口袋A・B 及底懸空口袋

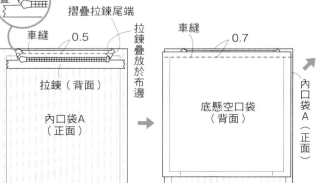

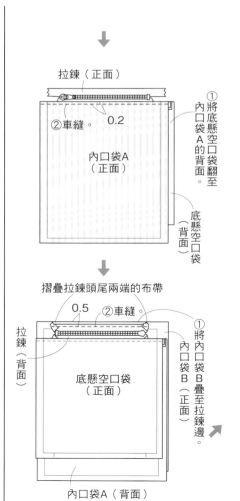

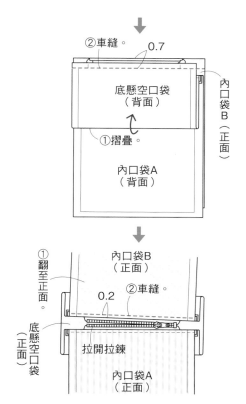

②車縫。 0.7
底懸空口袋（背面）
①摺疊。
內口袋A（背面）
內口袋B（正面）

①翻至正面。
內口袋B（正面）
0.2
②車縫。
底懸空口袋（正面）
拉開拉鍊
內口袋A（正面）

5 將內口袋B縫至本體

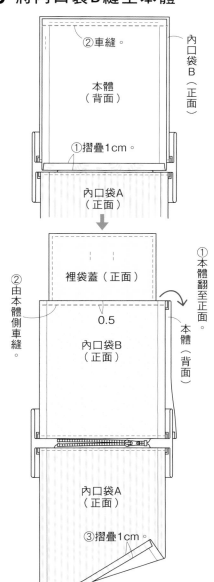

②車縫。
本體（背面）
內口袋B（正面）
①摺疊1cm。
內口袋A（正面）

②由本體側車縫。
裡袋蓋（正面）
0.5
①本體翻至正面。
內口袋B（正面）
本體（背面）
內口袋A（正面）
③摺疊1cm。

6 車縫脇邊線

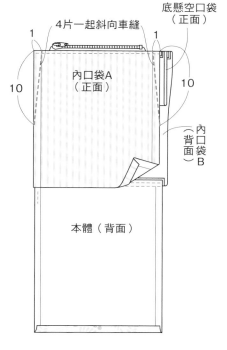

4片一起斜向車縫
1　　1
底懸空口袋（正面）
10　　10
內口袋A（正面）
內口袋B（背面）
本體（背面）

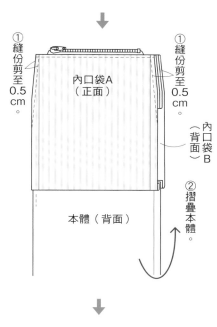

①縫份剪至0.5cm。
①縫份剪至0.5cm。
內口袋A（正面）
內口袋B（背面）
②摺疊本體。
本體（背面）

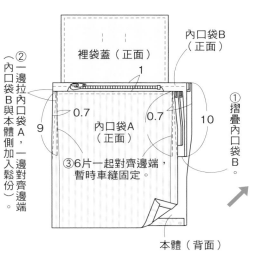

裡袋蓋（正面）
內口袋B（正面）
1
②一邊拉內口袋B與本體側，一邊對齊邊端（內口袋A與本體側加入鬆份）。
0.7　　0.7
9　　10
內口袋A（正面）
①摺疊內口袋B。
③6片一起對齊邊端，暫時車縫固定。
本體（背面）

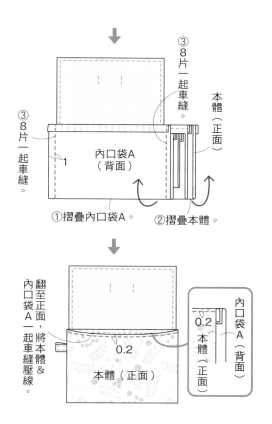

③8片一起車縫。
③8片一起車縫。
本體（正面）
內口袋A（背面）
①摺疊內口袋A。
②摺疊本體。

翻至正面，將本體&內口袋A一起車縫壓線。
內口袋A（背面）
0.2
本體（正面）
本體（背面）
內口袋A（正面）
0.2

7 製作提把

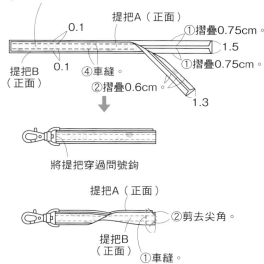

③將提把A疊至提把B上。
提把A（正面）
0.1
①摺疊0.75cm。
1.5
提把B（正面）
0.1
④車縫。
②摺疊0.6cm。
1.3

將提把穿過問號鉤

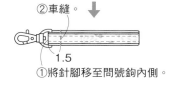

提把A（正面）
②剪去尖角。
提把B（正面）
①車縫。

②車縫。
1.5
①將針腳移至問號鉤內側。

完成！

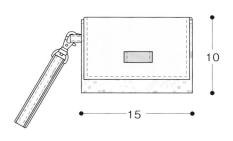

10
15

a **b**

（表本體A、表本體B、裡本體）

【a・b材料】1款的用量
A布 棉布（a／Coco Berry〈cg984265〉、b／mini fruits-peach〈ztdpys1042〉）…寬50cm×15cm
B布 素面牛津布（a／黑色〈sm0083v〉、b／紅色）…寬30cm×20cm
C布 棉布（a／In peace-at ease〈d1yf619〉、b／條紋）…寬30cm×40cm
接著襯（home craft／プレシオン輕鬆燙布襯《柔挺軟型》一般厚／hc666ow）…寬80cm×20cm
VISLON拉鍊（20cm）…1條
布標（約寬1.5cm長4.5cm／刺繡布標19 wonderful〈d1yf-tag19〉）…1片

【車縫前的準備】
於表本體A・B背面燙貼接著襯。

※耳絆無原寸紙型，直接於布上畫線裁剪。
※□內的數字為縫份。除了指定處之外，縫份皆為1cm。
※□□＝燙貼接著襯。

裁布圖

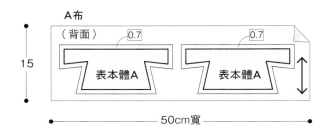

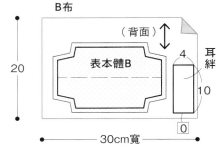

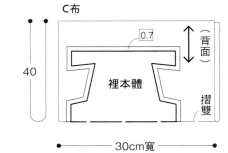

【作法】

1 車縫表本體的剪接線

原寸紙型的複寫方法

表本體A・B ★ ↕ ★ → 表本體A ★ ↕ ★
△ △ 表本體B ↕
表本體剪接線 △ △

原寸紙型的表本體A・B是相連的，
請從剪接線一分為二各自複寫。

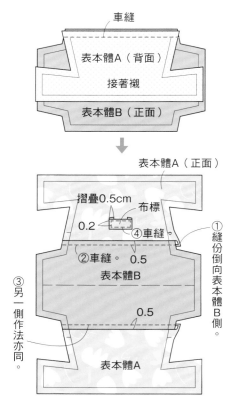

2 接縫拉鍊

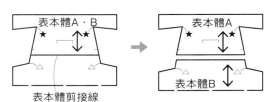

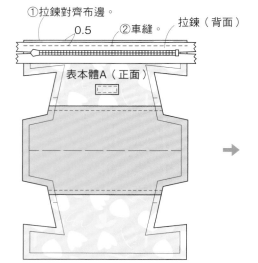

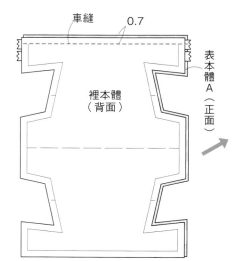

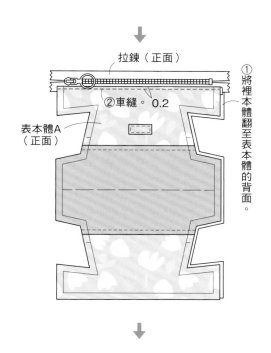

拉鍊（正面）

② 車縫。0.2

表本體A（正面）

① 將裡本體翻至表本體的背面。

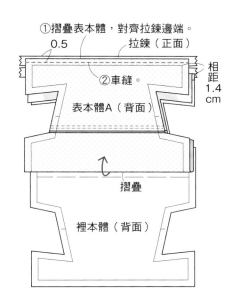

① 摺疊表本體，對齊拉鍊邊端。

0.5

拉鍊（正面）

② 車縫。

表本體A（背面）

相距1.4cm

摺疊

裡本體（背面）

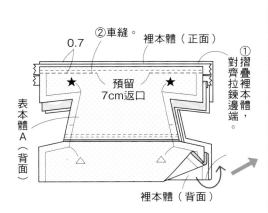

② 車縫。

裡本體（正面）

0.7

★　預留7cm返口　★

表本體A（背面）

① 摺疊裡本體，對齊拉鍊邊端。

裡本體（背面）

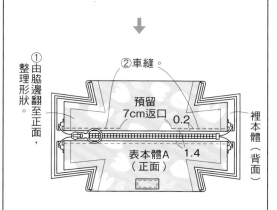

② 車縫。

預留7cm返口　0.2

表本體A（正面）　1.4

裡本體（背面）

① 由脇邊翻至正面，整理形狀。

3 製作耳絆

耳絆（背面）

摺疊1cm

摺疊1cm

① 對摺。

0.2

② 車縫。

0.2

耳絆（正面）

5　剪斷　耳絆（正面）　對摺

4 重新摺疊本體 & 車縫拉鍊兩端

① 本體翻至背面，如圖示重新摺疊，使表本體 & 裡本體相對疊合。

裡本體（正面）

② 於拉鍊兩端夾入耳絆，暫時車縫固定。

表本體B（背面）

0.5

耳絆（正面）

拉開拉鍊

表本體A（正面）

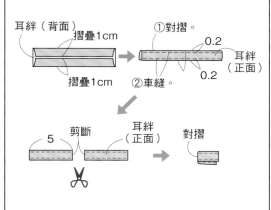

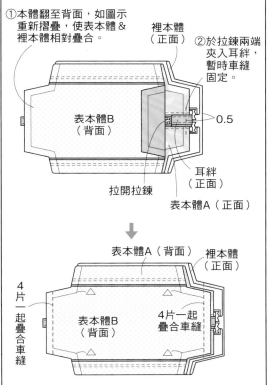

表本體A（背面）　裡本體（正面）

4片一起疊合車縫

表本體B（背面）　4片一起疊合車縫

5 車縫側身

各自摺疊表本體 & 裡本體的側身，再將4片一起疊合車縫。

裡本體（背面）

表本體A（背面）

對齊脇邊線 & 合印

表本體B（背面）

各自對齊★與△

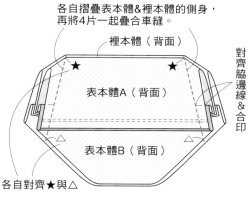

※另一側的側身作法亦同

6 翻至正面，縫合返口

由返口翻至正面，再以弓字縫縫合（弓字縫法參見p.11）

裡本體（正面）

② 車縫返口。

0.2

① 翻至表本體側。

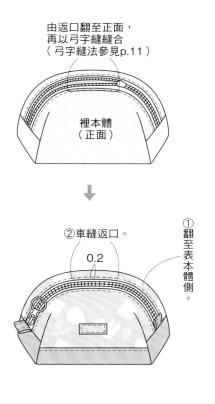

完成！

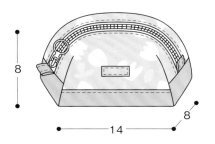

8

8

14

a

 b

 c

形似貝殼的圓弧底波奇包

原寸紙型
A面

（表本體、裡本體、表脇布、裡脇布）

【 a～c材料 】1款的用量

3入布片組

棉布（a／44A great holiday〈fp-44 greatholiday〉、b／10 Charming〈fp-charming〉、
c／13DREAMING〈fp- dreaming〉）

・A布（a／各種圖案、b／紅鶴、c／房屋）…寬54 cm×20cm
・B布（a／各種圖案、b／粉紅素面、c／條紋）…寬54cm×20cm
・C布（a／格子、b／花卉、c／星星）…寬54cm×44cm

接著襯（home craft／プレシオン輕鬆燙布襯《柔挺型》一般厚／hc666ow）…寬30cm×40cm

鋪棉…寬70cm×20cm

FLATKNIT拉鍊（40cm）…1條

【 車縫前的準備 】

於表本體、表脇布的背面燙貼鋪棉，裡本體、裡脇布的背面燙貼接著襯。

裁布圖

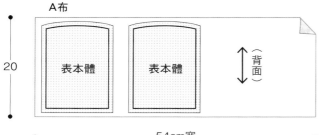

A布

20

表本體　表本體　（背面）

54cm寬

※內口袋＆耳絆無原寸紙型，直接於布上畫線裁剪。
※□內的數字為縫份。除了指定處之外，縫份皆為1cm。
※ ▢ ＝燙貼接著襯，▨ ＝燙貼鋪棉。

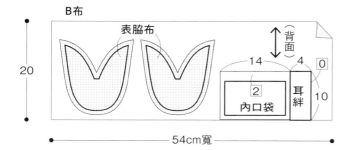

B布

20

表脇布　（背面）

14　4　0

2　內口袋　耳絆　10

54cm寬

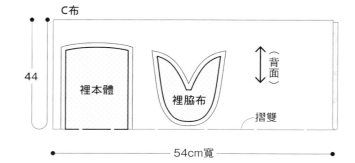

C布

44

裡本體　裡脇布　（背面）

摺雙

54cm寬

【 作法 】

1 車縫表本體的底

表本體（背面）

鋪棉

①車縫。

②燙開縫份。

表本體（正面）

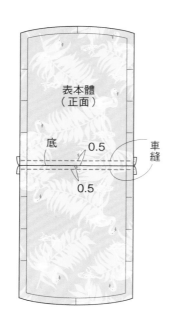

表本體（正面）

底　0.5

車縫

0.5

2 車縫表本體＆表脇布

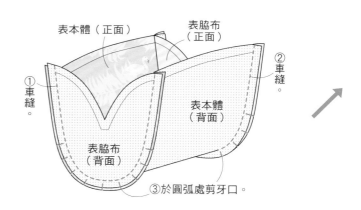

表本體（正面）　表脇布（正面）

①車縫。

②車縫。

表本體（背面）

表脇布（背面）

③於圓弧處剪牙口。

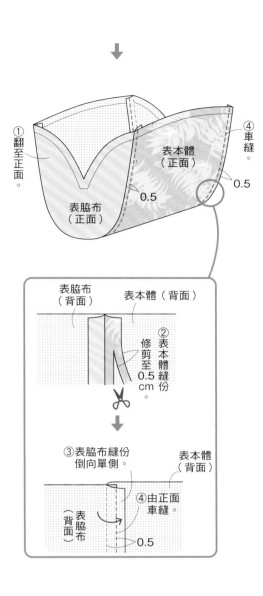

①翻至正面。

表本體（正面）

④車縫。

0.5

表脇布（正面）

0.5

表脇布（背面）　表本體（背面）

②表本體縫份修剪至0.5cm。

③表脇布縫份倒向單側。

表本體（背面）

④由正面車縫。

表脇布（背面）

0.5

---

3 製作內口袋＆縫至裡本體

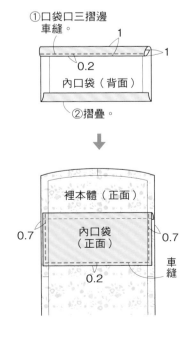

①口袋口三摺邊車縫。

1

1

0.2

內口袋（背面）

②摺疊。

裡本體（正面）

0.7

內口袋（正面）

0.7

0.2

車縫

---

4 車縫裡本體＆裡脇布

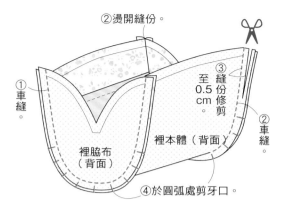

②燙開縫份。

①車縫。

③至0.5cm。縫份修剪

②車縫。

裡脇布（背面）

裡本體（背面）

④於圓弧處剪牙口。

---

5 製作耳絆

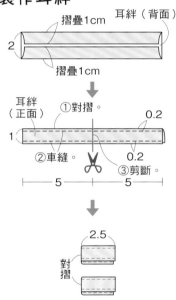

摺疊1cm

耳絆（背面）

2

摺疊1cm

耳絆（正面）

①對摺。

0.2

1

②車縫。

0.2

③剪斷。

5　5

2.5

對摺

---

6 縫上耳絆

7 於表本體接縫拉鍊

8 縫合表本體＆裡本體

※步驟6至8參見p.72與p.73圖文解說

※步驟6至8參見p.72與p.73圖文解說

完成！

約14

約22

---

p.35 11 拉鍊接縫方式

※為了方便理解縫法，以下示範特意改變縫線顏色。

6 縫上耳絆

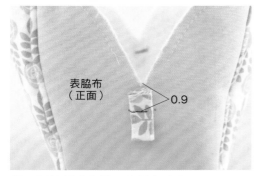

① 耳絆暫時車縫固定於表脇布。

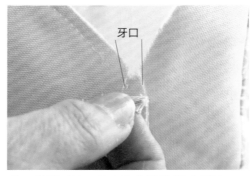

② 避開耳絆，於表脇布縫份剪兩個牙口。

7 於表本體接縫拉鍊

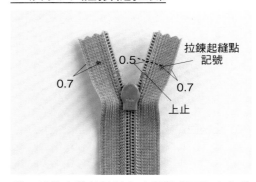

① 以粉土筆於拉鍊上止側的背面加上起縫點記號。

② 表脇布正面也加上起縫點記號。

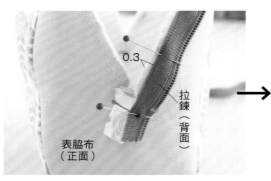

③ 拉鍊背面朝上，疊放在表脇布距邊0.3cm處，對齊起縫點記號以珠針固定。

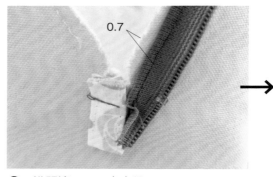

④ 以珠針固定至另一側的接縫點為止。

⑤ 沿距邊0.7cm處車縫。

⑥ 表本體翻至背面，依①至④作法以珠針固定另一側拉鍊。

⑦ 沿距邊0.7cm處車縫。

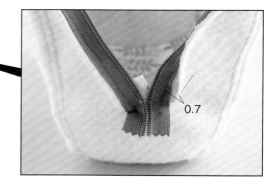

⑧　止縫固定表脇布的縫份&拉鍊上止側。

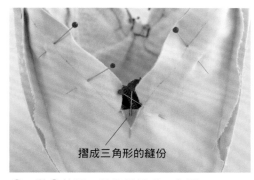

⑨　拉鍊下止側也依相同作法，與表脇布的縫份止縫固定，再剪去多餘的拉鍊。

①　於裡脇布的縫份剪兩個牙口。

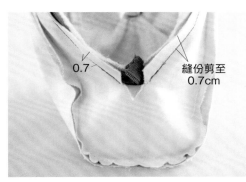

②　表本體翻至正面，放進裡本體內，再對齊袋口以珠針固定。

③　將①剪牙口的縫份摺成三角形。

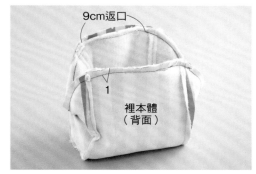

④　預留9cm返口，除了三角形縫份外，車縫距布邊1cm處。

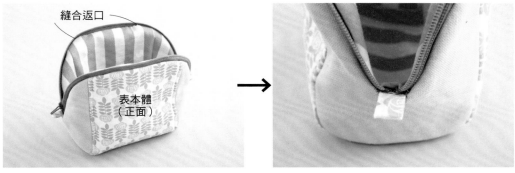

⑤　將返口以外的縫份修剪至0.7cm。

⑥　本體翻至正面，以藏針縫縫合返口（藏針縫法參見p.93）。

主婦のミシン
貼心建議！

因為燙貼鋪棉使表本體變厚，與裡本體縫合時就會覺得卡卡不好縫？此時可以剪去表本體縫份處的鋪棉，或不用車縫改以藏針縫縫合表裡本體。

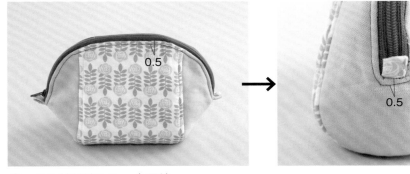

⑦　沿距拉鍊邊0.5cm處壓線。

（表本體A・B・C・D、裡本體A・B・C・D、表側身A、裡側身A、表側身B、裡側身B）

【材料】

表布（花卉壓棉布／milky lily〈qt-cg982025〉）
…寬65cm×50cm
裡布（虛線圖案棉布／In peace-at ease〈d1yf619〉）…寬60cm×50cm
接著襯（home craft／プレシオン輕鬆燙布襯《柔挺型》一般厚／hc666sow）…寬20cm×50cm
FLATKNIT拉鍊（30cm）…2條
塑膠四合釦（直徑1.3cm）…1組
D型環（1.5cm）…2個
肩帶（約寬1cm長100～120cm）…1條
布標（KIYOHARA／khimn-03／S-01／約寬1.5cm長4cm）…1片

【車縫前的準備】

於裡側身A、裡側身B、表本體B・D的四合釦安裝位置背面燙貼接著襯。

※吊耳無原寸紙型，直接於布上畫線裁剪。
※□內的數字為縫份。除了指定處之外，縫份皆為1cm。
※ □□ ＝燙貼接著襯。

裁布圖

表布

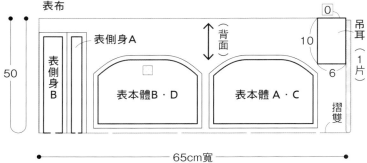

65cm寬

裡布

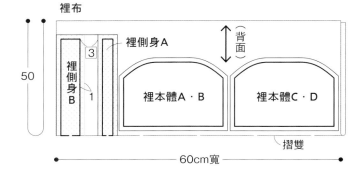

60cm寬

【作法】

1 將拉鍊接縫於本體A・B，製作波奇包①

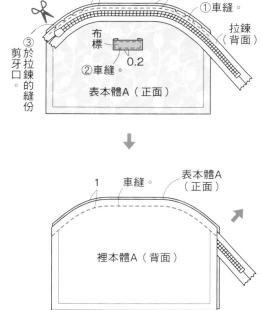

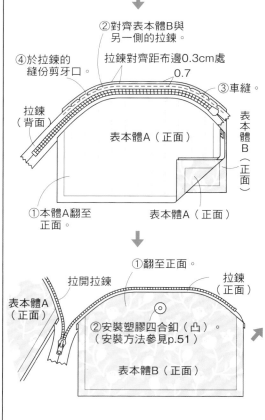

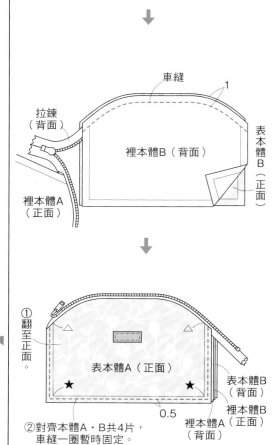

2 製作側身A

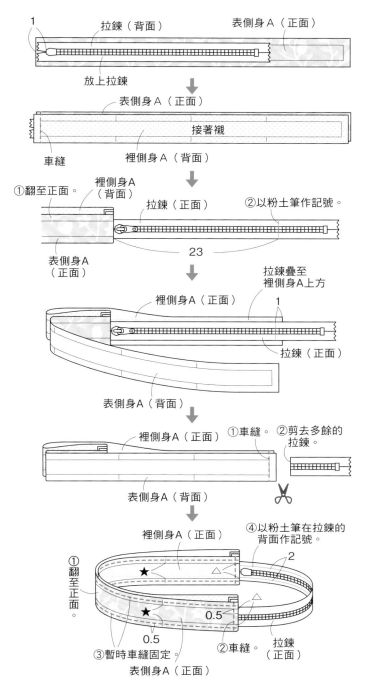

1
拉鍊（背面）　　　　　　表側身A（正面）
放上拉鍊

表側身A（正面）
接著襯
車縫　　裡側身A（背面）

①翻至正面。　裡側身A（背面）
拉鍊（正面）　②以粉土筆作記號。
表側身A（正面）
23

裡側身A（正面）
拉鍊疊至裡側身A上方
1
拉鍊（正面）
表側身A（背面）

裡側身A（正面）
①車縫。　②剪去多餘的拉鍊。
表側身A（背面）

裡側身A（正面）
④以粉土筆在拉鍊的背面作記號。
①翻至正面。
2
★　△
△
★　0.5
③暫時車縫固定。　②車縫。　拉鍊（正面）
0.5
表側身A（正面）

3 於本體C接縫側身A與拉鍊

※參見p.76圖文解說。

4 製作吊耳＆縫至側身B

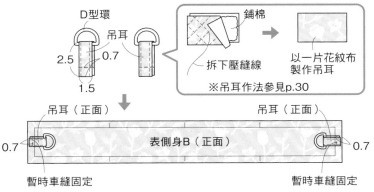

D型環
吊耳
2.5　0.7
1.5
鋪棉
拆下壓縫線
※吊耳作法參見p.30
以一片花紋布製作吊耳

吊耳（正面）　　　吊耳（正面）
0.7　表側身B（正面）　0.7
暫時車縫固定　　　暫時車縫固定

5 製作側身B

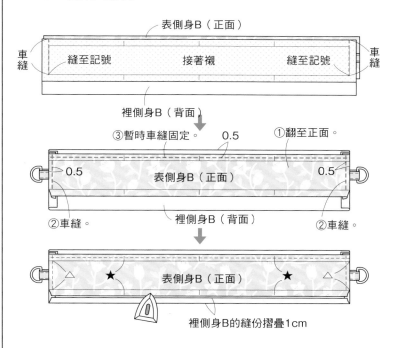

表側身B（正面）
車縫　縫至記號　接著襯　縫至記號　車縫

裡側身B（背面）
③暫時車縫固定。　0.5　①翻至正面。
0.5　表側身B（正面）　0.5
②車縫。　裡側身B（背面）　②車縫。

△　★　表側身B（正面）　★　△
裡側身B的縫份摺疊1cm

6 車縫側身A・B

7 於本體D接縫側身＆拉鍊

8 車縫表側身B與波奇包①

※步驟6至8參見p.76與p.77圖文解說。

完成！

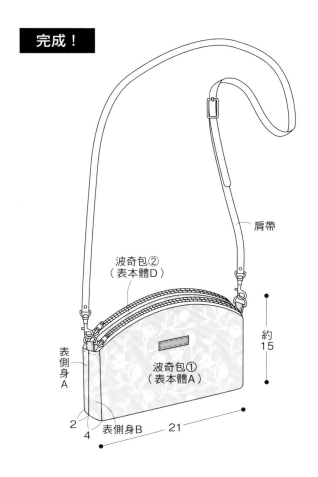

肩帶
波奇包②（表本體D）
表側身A
波奇包①（表本體A）
約15
2
4　表側身B　21

p.36 12 側身接縫方法

※為了方便理解縫法，以下示範特意改變縫線顏色。

3 於本體C接縫側身A與拉鍊

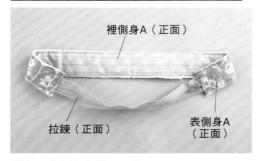

側身A（作法參見p.75）。

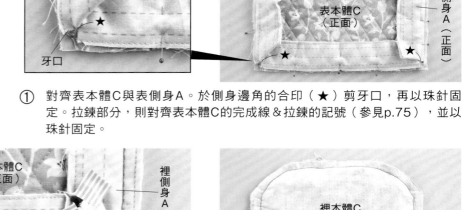

① 對齊表本體C與表側身A。於側身邊角的合印（★）剪牙口，再以珠針固定。拉鍊部分，則對齊表本體C的完成線＆拉鍊的記號（參見p.75），並以珠針固定。

② 自側身到拉鍊，車縫一圈。並在拉鍊縫份剪約0.2cm牙口（防止綻線）。

③ 為免一併縫入，先以紙膠帶固定側身邊角。

④ 將裡本體C疊至③上，預留8cm返口車縫一圈。縫畢，撕下紙膠帶。

⑤ 縫份修齊至0.7cm，且剪去邊角縫份。

⑥ 由返口翻至正面。

6 車縫側身A・B

側身B（作法參見p.75）。

7 於本體D接縫側身＆拉鍊

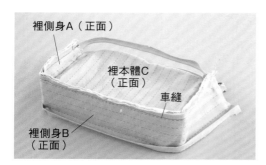

① 表側身A・B正面相疊車縫。

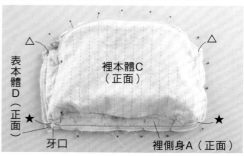

② 翻至表側身正面。

① 表本體D與裡側身B正面相對。於側身邊角的合印（★）剪牙口，由裡側身A側以珠針固定。拉鍊部分，則對齊表本體D的完成線＆拉鍊的記號（參見p.75），並以珠針固定。

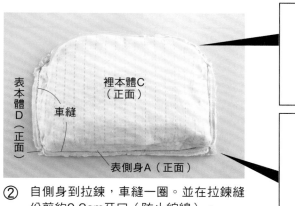

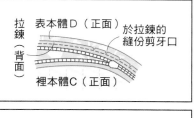

拉鍊（背面） 表本體D（正面） 於拉鍊的縫份剪牙口
裡本體C（正面）

裡本體C（正面） 裡側身A（正面）
表側身A（背面）
表側身B（正面）
裡側身B（背面）
表本體D（正面）

② 自側身到拉鍊，車縫一圈。並在拉鍊縫份剪約0.2cm牙口（防止綻線）。

③ 重疊裡本體C‧D。

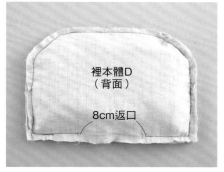

裡本體D（背面）
8cm返口

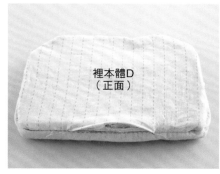

裡本體D（正面）

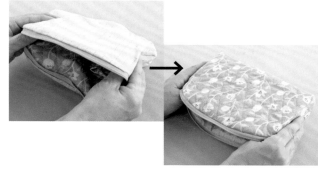

④ 預留8cm返口，車縫一圈。

⑤ 縫份剪齊至0.7cm，且剪去邊角縫份，再由返口翻至正面。

⑥ 再由袋口翻至正面。

8 車縫表側身B與波奇包①

波奇包②（表本體D）
表側身A（正面）
裡側身B（正面）

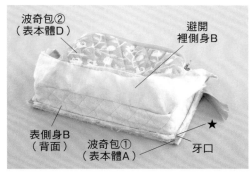

波奇包②（表本體D） 避開裡側身B
表側身B（背面） 波奇包①（表本體A） 牙口

⑦ 翻至正面。波奇包②製作完成。

① 表側身B與波奇包①（表本體A）正面相對，於側身邊角的合印（★）剪牙口，再避開裡側身B車縫。

② 剪去多餘的拉鍊。

波奇包①（表本體B）

表本體D（正面）

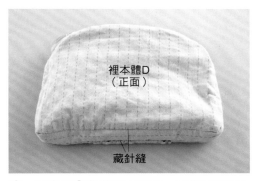

裡本體D（正面）
藏針縫

③ 以裡側身B包覆縫份進行藏針縫（藏針縫法參見p.93）。

④ 手伸進裡本體D的返口，於表本體裝上塑膠四合釦（凹）。（安裝方法參見p.51）

⑤ 波奇包②翻至裡本體側，以藏針縫縫合裡本體C‧D的返口。

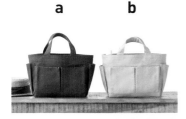

p.38 13
口袋多多，收納好方便！托特包

原寸紙型 B面

（表本體、裡本體、表脇側身、裡脇側身、底布、貼邊、表口袋、裡口袋、表脇口袋、裡脇口袋、提把）

【a材料】

表布（素面牛津布／【Wild】深綠色〈smw530〉）…寬148cm×60cm

裡布（貓咪圖案棉布）…寬110cm×60cm

接著襯（home craft／プレシオン輕鬆燙布襯《堅挺型》偏厚／hc777sow）…寬94×60cm

【b材料】

表布（素面牛津布／【Wild】粉陶色〈smw513〉）…寬148cm×60cm

裡布（花卉棉布／Earl Grey flower〈cg975645〉）…寬110cm×60cm

接著襯（home craft／プレシオン輕鬆燙布襯《堅挺型》偏厚／hc777sow）…寬94cm×60cm

【車縫前的準備】

於表本體、表脇側身與提把的背面燙貼接著襯。

裁布圖

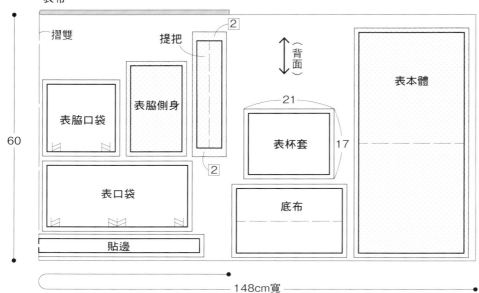

表布

摺雙 提把 ② （背面） 表本體

表脇口袋 表脇側身 21 表杯套 17

表口袋 底布

貼邊

60

148cm寬

※表杯套＆裡杯套無原寸紙型，直接於布上畫線裁剪。
※□內的數字為縫份。除了指定處之外，縫份皆為1cm。
※▨＝燙貼接著襯。

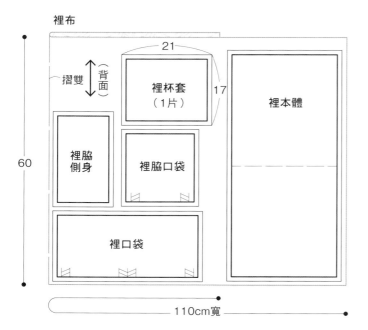

裡布

摺雙 （背面） 21 裡杯套（1片） 17 裡本體

裡脇側身 裡脇口袋

裡口袋

60

110cm寬

【作法】

1 製作口袋

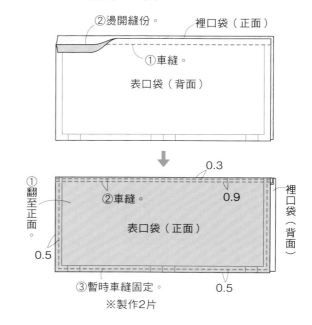

②燙開縫份。 裡口袋（正面）

①車縫。

表口袋（背面）

0.3

①翻至正面。 ②車縫。 0.9 裡口袋（背面）

表口袋（正面）

0.5

③暫時車縫固定。 0.5

※製作2片

2 將口袋縫至表本體

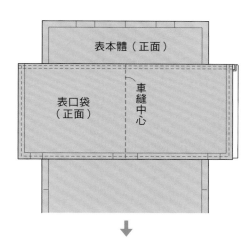

表本體（正面）

表口袋（正面）　車縫中心

↓

表本體（正面）

②摺疊褶襉。　①摺疊褶襉。　②摺疊褶襉。

表口袋（正面）

0.5

③暫時車縫固定。　0.5

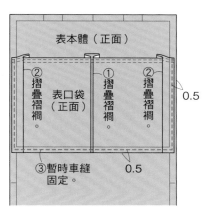

※另一側作法亦同

3 將底布接縫於表本體

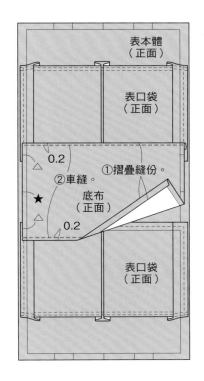

表本體（正面）

表口袋（正面）

0.2

②車縫。　①摺疊縫份。

★

底布（正面）

0.2

表口袋（正面）

4 製作＆接縫提把

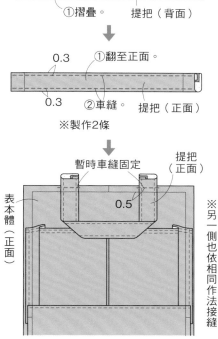

③燙開縫份。　②車縫。

①摺疊。　提把（背面）　接著襯

↓

0.3　①翻至正面。

0.3　②車縫。　提把（正面）

※製作2條

暫時車縫固定　提把（正面）

表本體（正面）

0.5

※另一側也依相同作法接縫

5 製作脇口袋＆縫至表脇側身

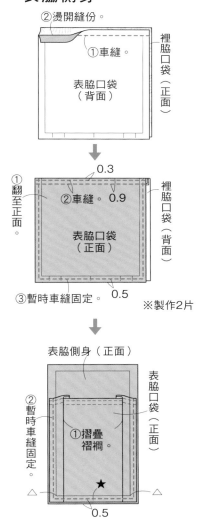

②燙開縫份。

①車縫。　裡脇口袋（正面）

表脇口袋（背面）

↓

0.3

①翻至正面。　②車縫。 0.9　裡脇口袋（背面）

表脇口袋（正面）

③暫時車縫固定。　0.5

※製作2片

↓

表脇側身（正面）

②暫時車縫固定。　表脇口袋（正面）

①摺疊褶襉。

★　△　0.5

6 車縫表本體＆表脇側身

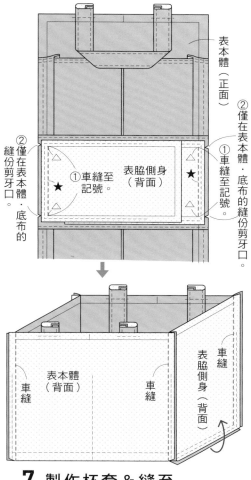

表本體（正面）

②僅在表本體‧底布的縫份剪牙口。

②僅在表本體‧底布的縫份剪牙口。　★　①車縫至記號。　表脇側身（背面）　★　①車縫至記號。

↓

表本體（背面）　車縫　車縫　表脇側身（背面）

7 製作杯套＆縫至裡脇側身

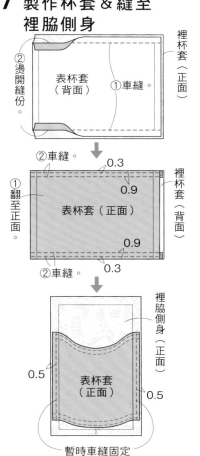

②燙開縫份。　裡杯套（正面）

表杯套（背面）　①車縫。

↓

②車縫。　0.3　裡杯套（背面）

①翻至正面。　0.9

表杯套（正面）

②車縫。　0.3

0.9

↓

裡脇側身（正面）

0.5　表杯套（正面）　0.5

暫時車縫固定

8 車縫裡本體＆裡脇側身

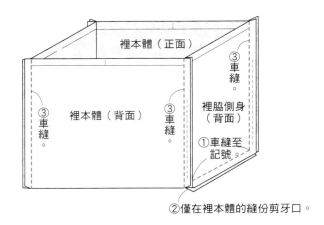

裡本體（正面）

③車縫。

裡本體（背面）

裡脇側身（背面）

③車縫。

③車縫。

①車縫至記號。

②僅在裡本體的縫份剪牙口。

9 對齊表本體＆裡本體，車縫側身縫份

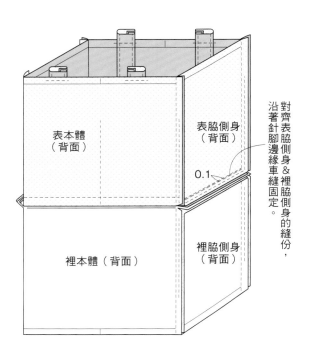

表本體（背面）

表脇側身（背面）

0.1

裡本體（背面）

裡脇側身（背面）

對齊表脇側身＆裡脇側身的縫份，沿著針腳邊緣車縫固定。

10 製作貼邊

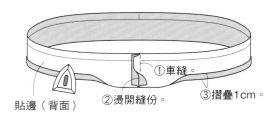

貼邊（背面）

②燙開縫份。

①車縫。

③摺疊1cm。

11 將貼邊接縫於本體的袋口

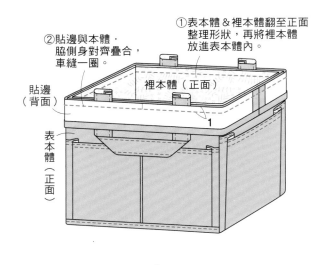

①表本體＆裡本體翻至正面整理形狀，再將裡本體放進表本體內。

②貼邊與本體，脇側身對齊疊合，車縫一圈。

裡本體（正面）

貼邊（背面）

表本體（正面）

1

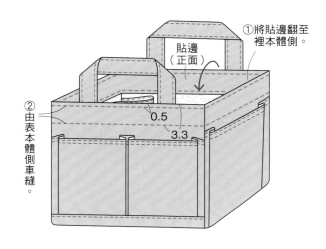

①將貼邊翻至裡本體側。

貼邊（正面）

②由表本體側車縫。

0.5

3.3

完成！

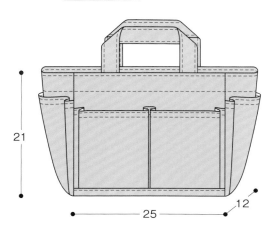

21

25

12

外觀&收納力都大滿足！化妝波奇包

（表本體、裡本體、表底、裡底）

【材料】

A布（花卉棉布／Spear Mint〈cg974052〉）…寬109cm×20cm

B布（條紋棉布）…寬100cm×20cm

C布（素面牛津布／嫩粉色〈sm0083k〉）…寬70cm×20cm

D布（素面棉布／水色）…寬30cm×15cm

接著襯（home craft／プレシオン輕鬆燙布襯《堅挺型》偏厚／hc777sow）…寬108cm×30cm

圓繩（粗0.5cm·原色）…120cm

【車縫前的準備】

於表本體、表底與裡底的背面燙貼接著襯。

裁布圖

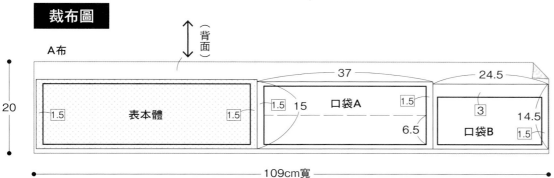

※口袋A、口袋B、束口、穿繩口布與提把無原寸紙型，直接於布上畫線裁剪。
※□內的數字為縫份。除了指定處之外，縫份皆為1cm。
※表底＆裡底的紙型不含縫份。
※□ ＝燙貼接著襯。

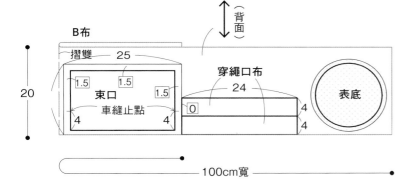

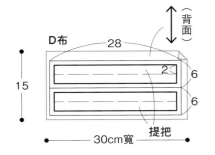

【作法】

1 製作口袋A

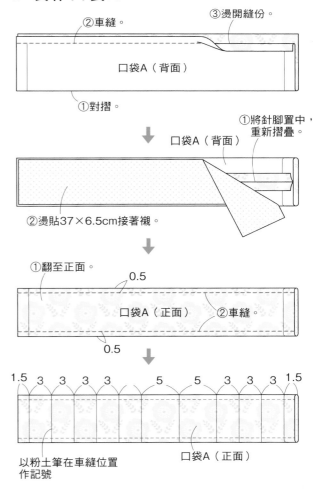

②車縫。　③燙開縫份。
口袋A（背面）
①對摺。

①將針腳置中，重新摺疊。
口袋A（背面）
②燙貼37×6.5cm接著襯。

①翻至正面。
0.5
口袋A（正面）　②車縫。
0.5

1.5　3　3　3　3　5　5　3　3　3　1.5
口袋A（正面）
以粉土筆在車縫位置作記號

2 將口袋A縫至裡本體

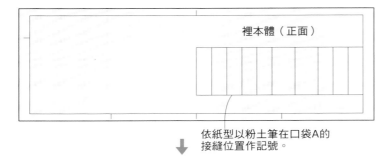

裡本體（正面）

依紙型以粉土筆在口袋A的
接縫位置作記號。

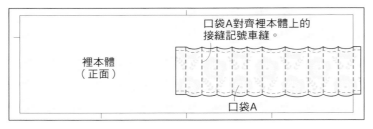

裡本體
（正面）

口袋A對齊裡本體上的
接縫記號車縫。

口袋A

3 製作口袋B，並縫至裡本體

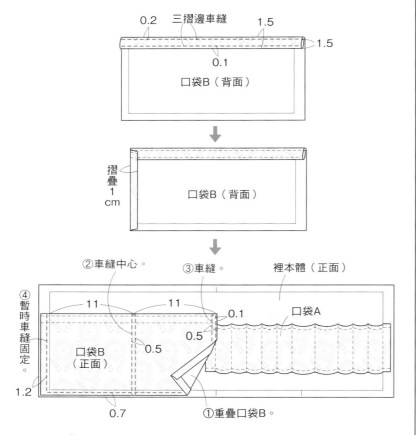

0.2　三摺邊車縫　1.5

1.5

0.1

口袋B（背面）

摺疊
1
cm

口袋B（背面）

②車縫中心。　③車縫。　裡本體（正面）

④暫時車縫固定。

11　11

口袋A

0.1

口袋B
（正面）

0.5

1.2

0.7　①重疊口袋B。

4 車縫裡本體的脇邊線

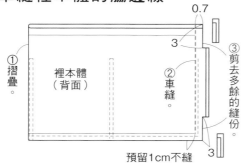

0.7

①摺疊。

裡本體
（背面）

②車縫。

3

③剪去多餘的縫份。

預留1cm不縫　3

5 製作提把，並接縫於表本體

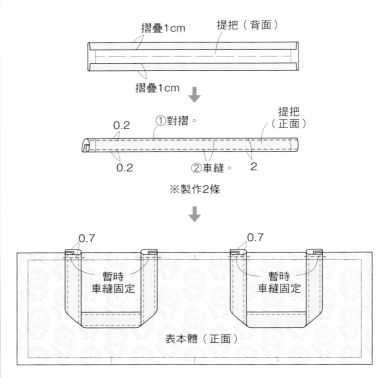

摺疊1cm　提把（背面）

摺疊1cm

0.2　①對摺。　提把（正面）

0.2

0.2　②車縫。　2

※製作2條

0.7　　　0.7

暫時車縫固定　暫時車縫固定

表本體（正面）

6 車縫表本體脇邊線

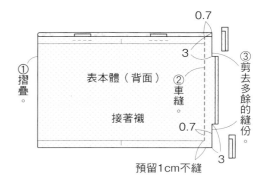

0.7

①摺疊。

表本體（背面）

②車縫。

接著襯

3

③剪去多餘的縫份。

0.7

3

預留1cm不縫

7 車縫本體＆袋底

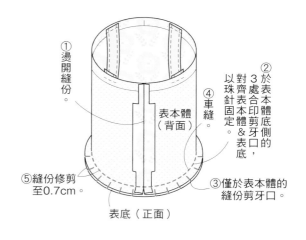

①燙開縫份。

②於表本體底側的表本體＆表底，以對齊處表本體印記剪牙口，對珠針固定。

表本體（背面）

④車縫。

⑤縫份修剪至0.7cm。

③僅於表本體的縫份剪牙口。

表底（正面）

※依相同作法接縫裡本體＆裡底。

8 套疊表本體＆裡本體，車縫袋口

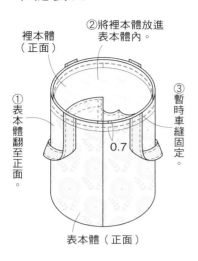

②將裡本體放進表本體內。
裡本體（正面）
①表本體翻至正面。
③暫時車縫固定。
0.7
表本體（正面）

9 製作束口

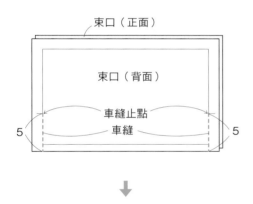

束口（正面）
束口（背面）
車縫止點
車縫
5　　　　5

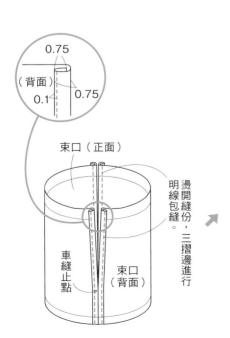

0.75
（背面）
0.1　0.75

束口（正面）
邊開縫份，三摺邊進行明線包縫。
車縫止點
束口（背面）

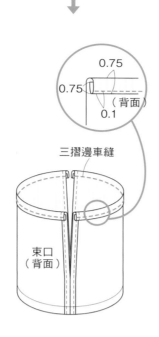

0.75
0.75
（背面）
0.1

三摺邊車縫

束口（背面）

10 製作穿繩口布，並接縫至束口

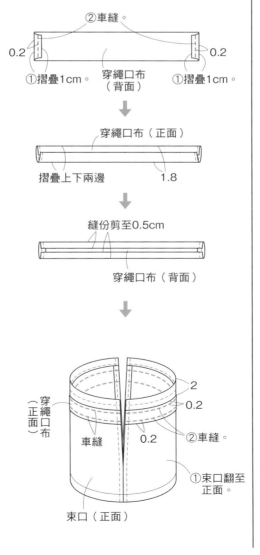

②車縫。
0.2　　穿繩口布（背面）　　0.2
①摺疊1cm。　　　　　　①摺疊1cm。

穿繩口布（正面）
摺疊上下兩邊　　1.8

縫份剪至0.5cm

穿繩口布（背面）

穿繩口布（正面）
2
0.2
車縫　　0.2
②車縫。
①束口翻至正面。
束口（正面）

---

11 將束口接縫於本體

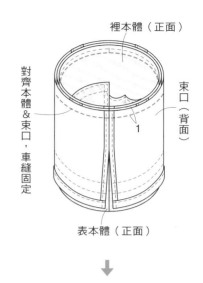

裡本體（正面）
對齊本體＆束口，車縫固定
束口（背面）
1
表本體（正面）

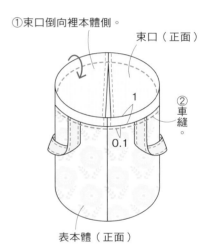

①束口倒向裡本體側。
束口（正面）
1
②車縫。
0.1
表本體（正面）

12 穿入束口圓繩

完成！

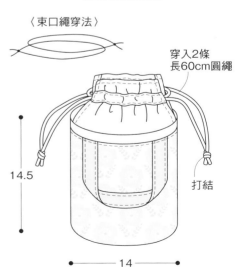

〈束口繩穿法〉
穿入2條長60cm圓繩
14.5
打結
14

p.42 15a
家中有一個超便利！工具收納袋

（表本體、裡本體、表底、裡底）

【材料】
A布（素面牛津布／亮黃色〈sm0041〉）…寬60cm×20cm
B布（條紋棉布）…寬90cm×30cm
C布（花卉棉布／Spring goody〈cg0185〉）…寬110cm×15cm
接著襯（home craft／プレシオン輕鬆燙布襯《柔挺型》一般厚／hc666ow）
…寬94cm×30cm
附問號鉤提把（長20cm）…1個

【車縫前的準備】
於表本體&表底的背面燙貼接著襯（表底縫份不用燙襯）。

裁布圖

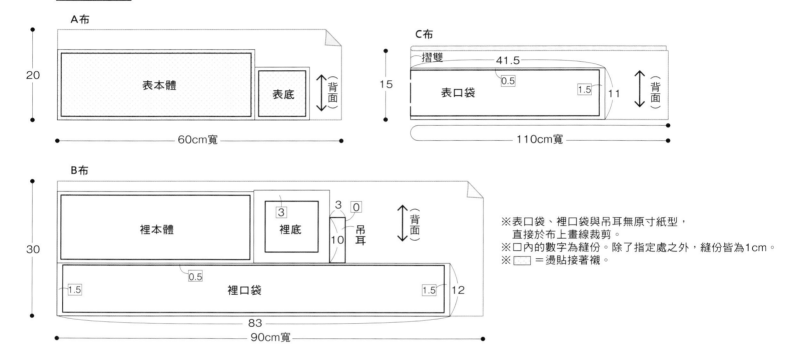

A布
20
表本體　表底　背面
60cm寬

C布
15
摺雙　41.5
0.5
表口袋　1.5　11　背面
110cm寬

B布
30
裡本體　3 裡底　3 0　背面
10 吊耳
0.5
1.5 裡口袋　1.5　12
83
90cm寬

※表口袋、裡口袋與吊耳無原寸紙型，直接於布上畫線裁剪。
※□內的數字為縫份。除了指定處之外，縫份皆為1cm。
※□□ ＝燙貼接著襯。

【作法】

1 製作口袋

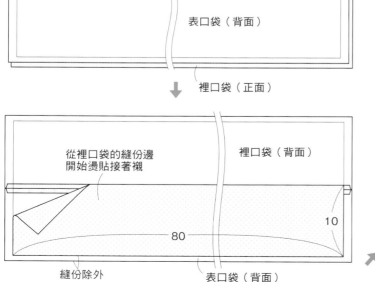

0.5　①車縫。　②燙開縫份。
表口袋（背面）
裡口袋（正面）

裡口袋（背面）
從裡口袋的縫份邊開始燙貼接著襯
80　10
縫份除外　表口袋（背面）

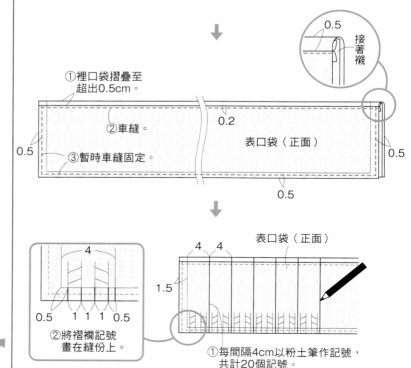

0.5 接著襯
①裡口袋摺疊至超出0.5cm。
②車縫。　0.2
③暫時車縫固定。　表口袋（正面）
0.5　0.5
0.5

4
1.5
0.5　1 1 1　0.5
②將褶襉記號畫在縫份上。

4 4
表口袋（正面）
1.5
①每間隔4cm以粉土筆作記號，共計20個記號。

84

2 製作吊耳

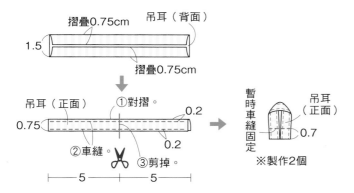

摺疊0.75cm　吊耳（背面）

1.5

摺疊0.75cm

吊耳（正面）　①對摺。

0.75　②車縫。　0.2
　　　　✂　③剪掉。　0.2

├─5─┼─5─┤

暫時車縫固定

吊耳（正面）
0.7

※製作2個

3 於表本體作記號，暫時車縫固定口袋＆吊耳

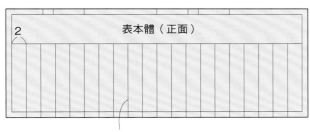

2　表本體（正面）

依紙型指示，以粉土筆於口袋接縫位置作記號

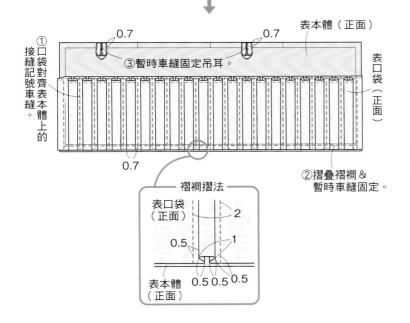

①口袋對齊表本體上的接縫記號車縫。

0.7　0.7
③暫時車縫固定吊耳。
表本體（正面）
表口袋（正面）

0.7

②摺疊褶襉＆暫時車縫固定。

褶襉摺法
表口袋（正面）
0.5　2　1
表本體（正面）
0.5　0.5　0.5

4 對齊表本體＆裡本體，車縫袋口

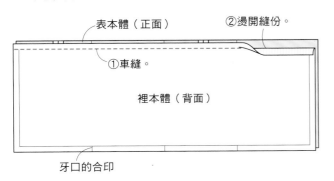

表本體（正面）　②燙開縫份。
①車縫。
裡本體（背面）

牙口的合印

5 車縫表本體＆裡本體的脇邊線

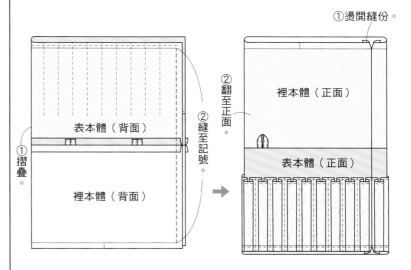

①燙開縫份。

①摺疊。
表本體（背面）
裡本體（背面）

②縫至記號。
②翻至正面。

裡本體（正面）
表本體（正面）

6 將裡本體放進表本體內，車縫袋口

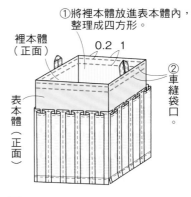

①將裡本體放進表本體內，整理成四方形。
裡本體（正面）
0.2　1
表本體（正面）
②車縫袋口。

7 車縫袋口四邊

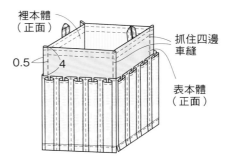

裡本體（正面）
0.5　4
抓住四邊車縫
表本體（正面）

8 製作袋底，並與本體接縫
※作法參見p.87圖文解說。

完成！

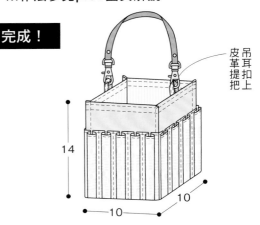

皮革提把
吊耳扣上

14
10
10

p.42 15b
家中有一個超便利!工具收納袋

原寸紙型
A面

（表本體、裡本體、表底、裡底）

【材料】
A布（素面棉布／紅色）…寬100cm×30cm
B布（鬱金香圖案棉布／Cherry Milk〈cg984364〉）…寬80 cm×15cm
接著襯（home craft／プレシオン輕鬆燙布襯《硬挺型》厚／hc888sow）…寬108cm×30cm
人字帶（寬2cm・紅色）…40cm
附問號鉤提把（長20cm）…1條

【車縫前的準備】
於表本體&表底的背面燙貼接著襯（縫份不用燙襯）。

裁布圖

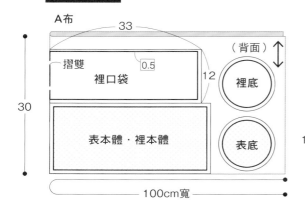

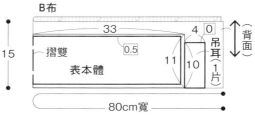

※表口袋、裡口袋與吊耳無原寸紙型，直接於布上畫線裁剪。
※□內的數字為縫份，除了指定處之外，縫份皆為1cm。
※表底&裡底的紙型不含縫份。
※□＝燙貼接著襯。

【作法】

1 製作口袋
※作法參見p.84圖文解說。

※燙貼
64cm×10cm
接著襯。

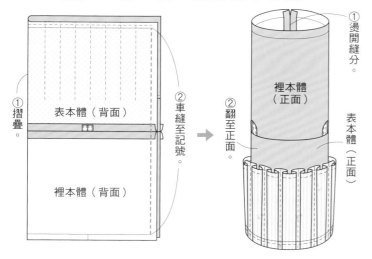

2 至 4 的作法參見p.85
※以1cm 的布製作吊耳。

5 車縫表本體&裡本體的後中心線

6 將裡本體放進表本體內，車縫袋口

7 製作袋底，並與本體接縫
※作法參見p.87圖文解說。

完成！

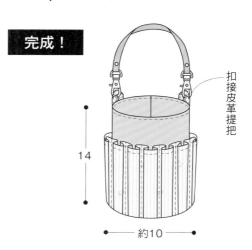

POINT LESSON

p.42 15a 方底接縫方式

※為了方便理解縫法，以下示範特意改變縫線顏色，且無口袋。

7 製作袋底，並與本體接縫

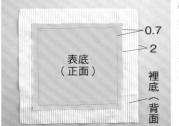

① 對齊表底＆裡底，車縫距表底布邊0.7cm處，暫時固定。

② 在本體底側的三個合印處剪牙口。

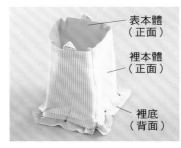

③ 對齊表本體＆表底，以珠針固定。

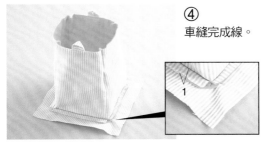

④ 車縫完成線。

⑤ 將裡底三摺邊包覆縫份，並以珠針固定。

⑥ 車縫距邊端0.2cm處。

p.42 15b 圓底接縫方式

※為了方便理解縫法，以下示範特意改變縫線顏色，且無口袋。

7 製作袋底，並與本體接縫

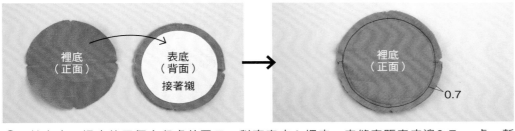

① 於表底＆裡底的四個合印處剪牙口。對齊表底＆裡底，車縫表距表底邊0.7cm處，暫時固定。

② 於本體底側的三個合印處剪牙口。表本體＆表底正面相對，並以珠針固定。

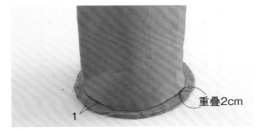

③ 僅本體縫份剪牙口。

④ 車縫距邊1cm處，結尾＆起點再各重疊2cm車縫。

⑤ 以厚紙製作袋底的紙型。對摺人字帶包夾紙型，整燙成輪狀。

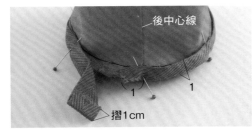

⑥ 以人字帶包覆縫份，並以珠針固定。人字帶預留1cm，從後中心線開始以珠針固定，末端摺入1cm。

⑦ 沿著人字帶邊藏針縫加以固定。（藏針縫法參見p.93）

⑧ 裡底側的人字帶也以藏針縫固定。

p.44 16
支架口金三種新用法!釦絆式支架口金包

【材料】
表布（刺繡花朵圖案棉布／Little Flower〈cg983524〉）…寬110cm×40cm
裡布（碎花棉布／ Melane garden〈cg983709〉）…寬50cm×30cm
單膠鋪棉 …寬50cm×30cm
磁釦（直徑1.8cm・手縫式）…1組
支架口金（約寬15cm×高5cm）…1組

【車縫前的準備】
於表釦絆的背面燙貼鋪棉。

裁布圖

※此包款設計是使刺繡花朵圖案位於表布的兩側。
請參考裁布圖，將圖案配置於喜歡的位置。

※無原寸紙型，請直接於布上畫線裁剪。
※縫份皆為1cm。
※ ▦ ＝燙貼鋪棉。

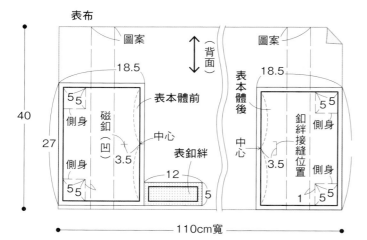

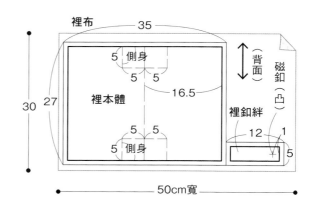

【作法】

1 車縫表本體的底線，燙貼鋪棉

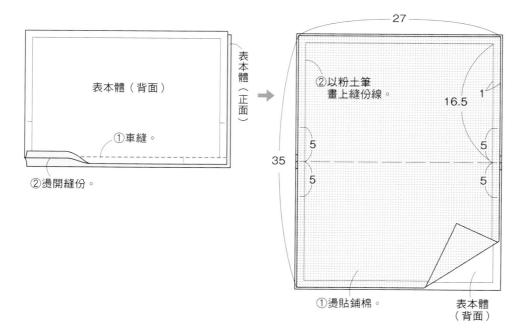

2 車縫表本體＆裡本體的袋口

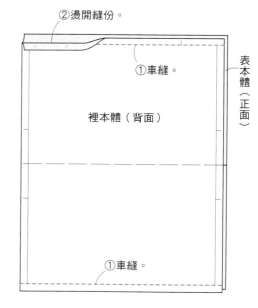

3 車縫表本體＆裡本體的脇邊線

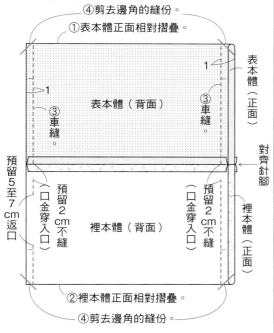

④剪去邊角的縫份。
①表本體正面相對摺疊。
表本體（正面）
表本體（背面）
1
③車縫。
③車縫。
1
對齊針腳
預留5至7cm返口
（口金穿入口）
預留2cm不縫
（口金穿入口）
裡本體（背面）
預留2cm不縫
（口金穿入口）
裡本體（正面）
②裡本體正面相對摺疊。
④剪去邊角的縫份。

4 車縫側身

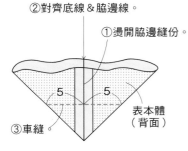

②對齊底線＆脇邊線。
①燙開脇邊縫份。
5　5
③車縫。
表本體（背面）

※裡本體作法亦同

5 對齊表本體＆裡本體，車縫側身的縫份

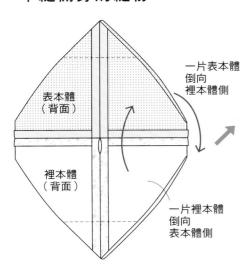

一片表本體倒向裡本體側
表本體（背面）
裡本體（背面）
一片裡本體倒向表本體側

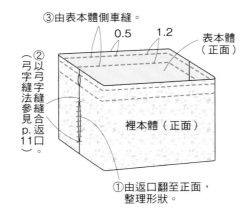

①對齊表側身＆裡側身的縫份。
③剪掉。
②沿著側身的針腳邊緣車縫。
0.1　1
表本體（背面）
裡本體（背面）
0.1　1
③剪掉。

6 翻至正面車縫袋口

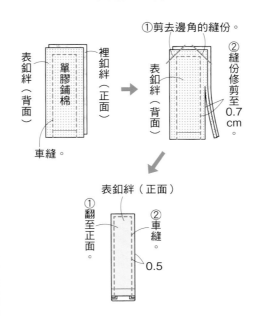

③由表本體側車縫。
0.5　1.2
表本體（正面）
②以弓字縫縫合返口（弓字縫法參見p.11）。
裡本體（正面）
①由返口翻至正面，整理形狀。

7 製作釦絆

表釦絆（背面）
單膠鋪棉
裡釦絆（正面）
①剪去邊角的縫份。
②縫份修剪至0.7cm。
表釦絆（背面）
車縫。
→
表釦絆（正面）
①翻至正面。
②車縫。
0.5

---

8 釦絆縫至表本體

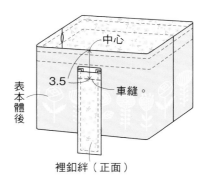

中心
表本體後
3.5
車縫。
裡釦絆（正面）

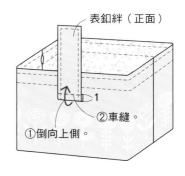

表釦絆（正面）
①倒向上側。
②車縫。
1

9 將支架口金穿入袋口

※支架口金穿法參見p.50。

10 安裝磁釦

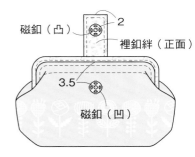

磁釦（凸）
2
裡釦絆（正面）
3.5
磁釦（凹）

※磁釦安裝方法參見p.31

完成！

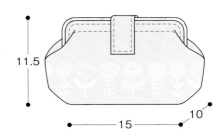

11.5
15　10

89

支架口金三種新用法！手提包

（表本體、裡本體、提把）

【材料】
表布（植物圖案半亞麻布／Neutral colors-plant〈d1yf401〉）…寬30cm×40cm
裡布（格紋半亞麻布／Neutral colors-cross strip〈d1yf402〉）…寬55cm×45cm
接著襯（home craft／プレシオン輕鬆燙布襯《堅挺型》偏厚／hc777sow）…寬50cm×40cm
支架口金（約寬15cm×高5cm）…1組

【車縫前的準備】
於表本體&提把的背面燙貼接著襯。

裁布圖

※□內的數字為縫份，除了指定處之外，縫份皆為1cm。
※僅提把的紙型不含縫份。
※ □＝燙貼接著襯。

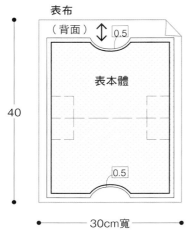

表布
（背面）
0.5
表本體
40
0.5
30cm寬

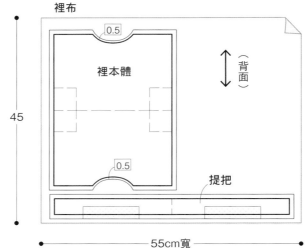

裡布
0.5
裡本體
45
0.5
提把
55cm寬

【作法】

1 車縫袋口的彎弧處

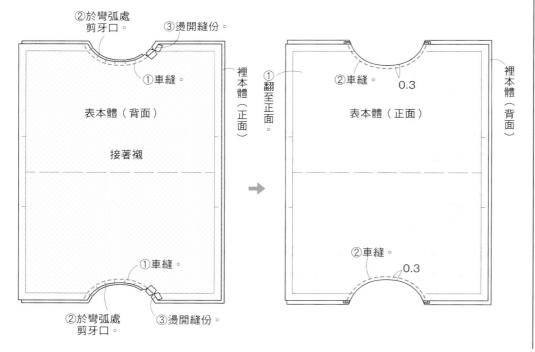

②於彎弧處剪牙口。
③燙開縫份。
①車縫。
裡本體（正面）
①翻至正面。
表本體（背面）
接著襯
①車縫。
②於彎弧處剪牙口。
③燙開縫份。

②車縫。
0.3
裡本體（背面）
表本體（正面）
②車縫。
0.3

2 車縫表本體的脇邊線

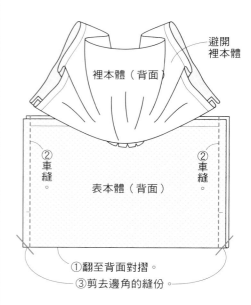

避開裡本體
裡本體（背面）
②車縫。
②車縫。
表本體（背面）
①翻至背面對摺。
③剪去邊角的縫份。

3 車縫裡本體的脇邊線

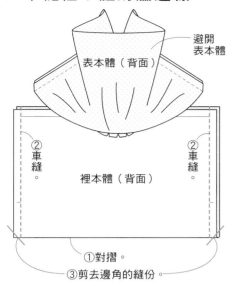

避開表本體

表本體（背面）

② 車縫。

② 車縫。

裡本體（背面）

① 對摺。

③ 剪去邊角的縫份。

4 車縫側身

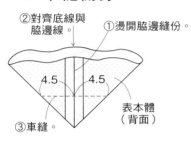

② 對齊底線與脇邊線。

① 燙開脇邊縫份。

4.5　4.5

③ 車縫。

表本體（背面）

※裡本體的作法亦同

5 對齊表本體 & 裡本體，車縫側身的縫份

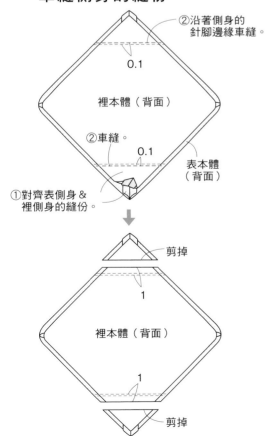

② 沿著側身的針腳邊緣車縫。

0.1

裡本體（背面）

② 車縫。

0.1

表本體（背面）

① 對齊表側身 & 裡側身的縫份。

剪掉

1

裡本體（背面）

1

剪掉

6 翻至正面，車縫袋口

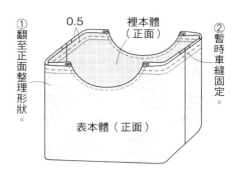

① 翻至正面整理形狀。

0.5

裡本體（正面）

② 暫時車縫固定。

表本體（正面）

7 製作提把

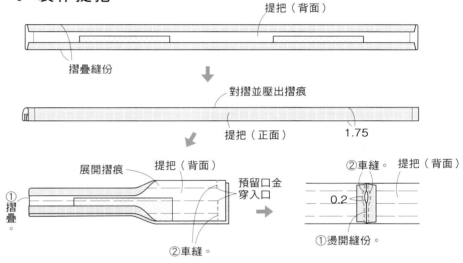

提把（背面）

摺疊縫份

對摺並壓出摺痕

提把（正面）　1.75

展開摺痕　提把（背面）

① 摺疊。

② 車縫。

預留口金穿入口

② 車縫。　提把（背面）

0.2

① 燙開縫份。

8 於本體接縫提把

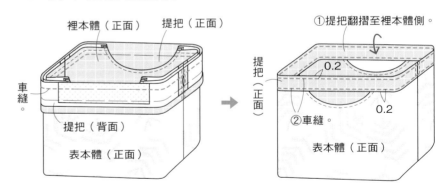

裡本體（正面）　提把（正面）

車縫。

提把（背面）

表本體（正面）

① 提把翻摺至裡本體側。

0.2

提把（正面）

② 車縫。

0.2

表本體（正面）

9 將支架口金穿入提把

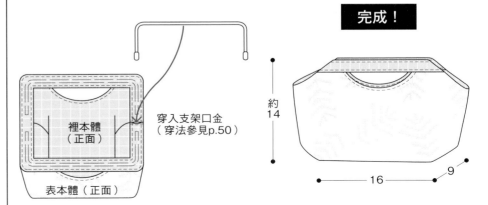

穿入支架口金（穿法參見p.50）

裡本體（正面）

表本體（正面）

完成！

約14

16　9

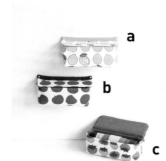
a

b

c

（表本體、裡本體、表蓋、裡蓋）

【a～c材料】1款的用量
3片布片組（棉布／14 Fruit〈fp-14fruit〉）
・表布（a／檸檬圖案／、b／蘋果圖案、c／草莓圖案）寬45cm×20cm
裡布 素面牛津布（a／亮黃色<sm0041>、b／皇家藍〈sm0083r〉、c／紅色）…寬45cm×20cm
接著襯（home craft／プレシオン輕鬆燙布襯《堅挺型》偏厚／hc777sow）…寬50cm×20cm
支架口金（約寬15cm×高5cm）…1組

【車縫前的準備】
於表本體&表蓋的背面燙貼接著襯。

裁布圖

※滾邊布無原寸紙型，直接在布上畫線裁剪。
※□內的數字為縫份，除了指定處之外，縫份皆為1cm。
※▭＝燙貼接著襯。

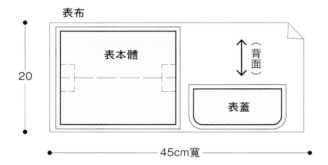

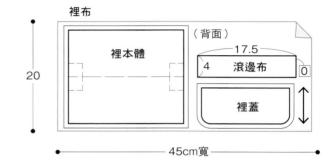

【作法】

1 車縫本體的脇邊線

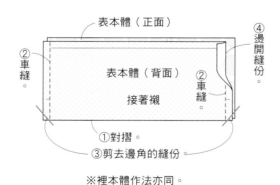

※裡本體作法亦同。

2 車縫側身

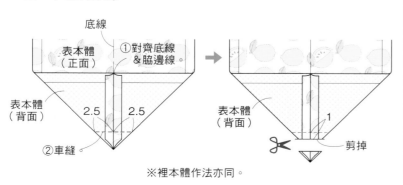

※裡本體作法亦同。

3 製作盒蓋

裡蓋（正面）
表蓋（背面）
接著襯
①車縫。
②縫份修剪至0.7cm。

裡蓋（正面）
表蓋（背面）
②燙開縫份。
①於彎弧處剪牙口。

③穿入支架口金。
①翻至正面。
表蓋（正面）
②車縫。
0.2

92

4 對齊表本體＆裡本體 車縫袋口

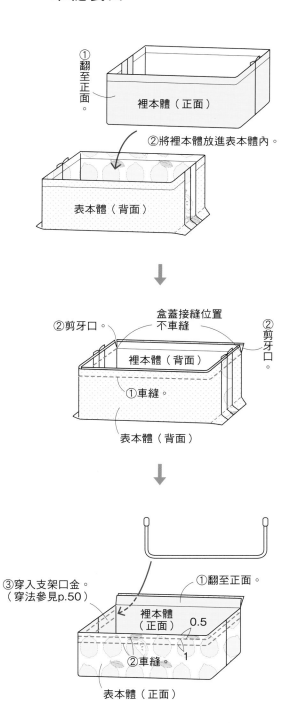

① 翻至正面。

② 將裡本體放進表本體內。

裡本體（正面）

表本體（背面）

② 剪牙口。

盒蓋接縫位置 不車縫

② 剪牙口。

裡本體（背面）

① 車縫。

表本體（背面）

③ 穿入支架口金。 （穿法參見p.50）

① 翻至正面。

裡本體 （正面） 0.5

② 車縫。 1

表本體（正面）

5 將盒蓋接縫於本體

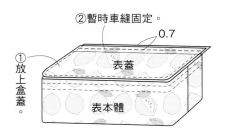

② 暫時車縫固定。

0.7

表蓋

① 放上盒蓋。

表本體

6 進行滾邊

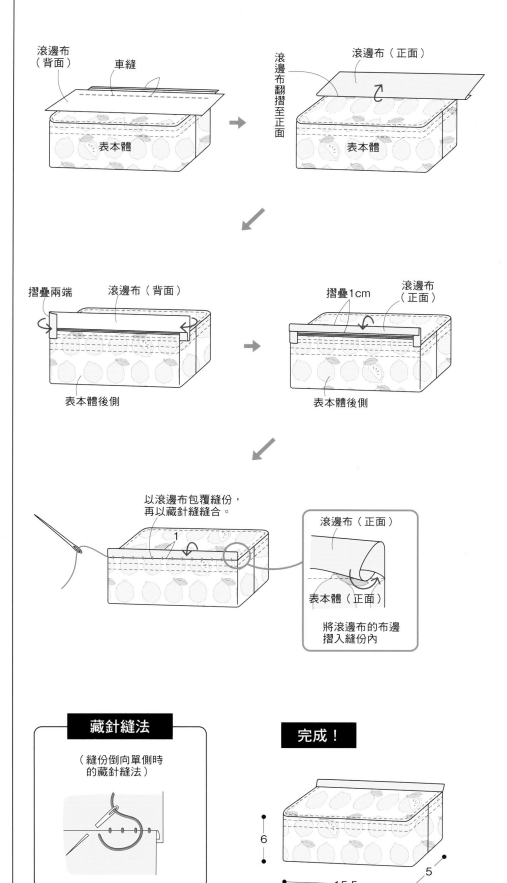

滾邊布 （背面）

車縫

表本體

滾邊布（正面）

滾邊布翻摺至正面

表本體

摺疊兩端

滾邊布（背面）

表本體後側

摺疊1cm

滾邊布 （正面）

表本體後側

以滾邊布包覆縫份， 再以藏針縫縫合。

1

滾邊布（正面）

表本體（正面）

將滾邊布的布邊 摺入縫份內

藏針縫法

（縫份倒向單側時 的藏針縫法）

完成！

6

15.5

5

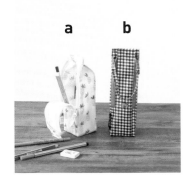

a b

p.46 19
唰──地打開！創新設計筆袋

【a材料】
表布（鳳梨圖案防水布／Minifruit-pipeapple〈shlm- ztdpys1051〉）…寬40cm×40cm
VISLON拉鍊（12cm）…2條
人字帶（1.5cm・原色）…20cm
磁鐵（直徑0.5cm）…1組
布標（約 1.5cm長4.5cm／刺繡布標07 sweet friend《狐狸》〈d1yf-tag07〉）…1片

【b材料】
表布（心形圖案防水布／Square Heart〈shlm-cg982100〉）…寬40cm×40cm
VISLON拉鍊（12cm）…2條
人字帶（寬1.5cm・原色）…20cm
磁釦（直徑0.5cm）…1組
布標（KIYOHARA／khimn-03／S-01／約寬1.5cm長4cm）…1片

裁布圖

※無紙型，直接於布上畫線裁剪。
※□內的數字為縫份，除了指定處之外，縫份皆為1cm。

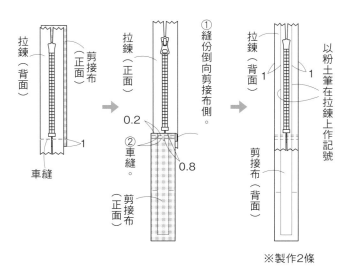

★＝拉鍊接縫位置

【作法】

1 車縫拉鍊＆剪接布

※製作2條

2 將拉鍊＆剪接布接縫於本體前

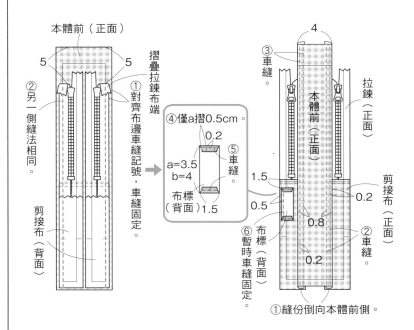

3 車縫本體前＆本體後的底線

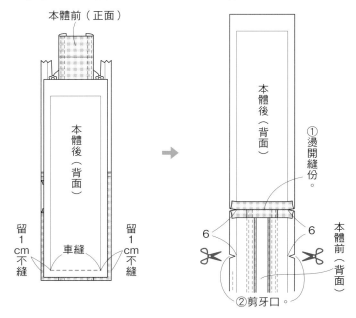

4 車縫本體前 & 脇布的底線

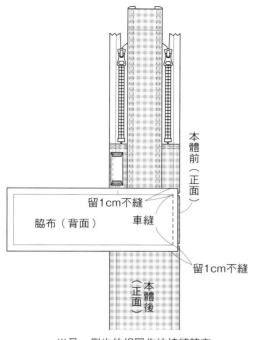

本體前（正面）

脇布（背面）

留1cm不縫

車縫

留1cm不縫

本體後（正面）

※另一側也依相同作法接縫脇布

5 車縫本體後 & 脇布

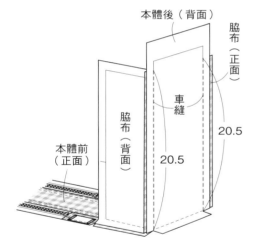

本體後（背面）

脇布（正面）

脇布（背面）

車縫

20.5

20.5

本體前（正面）

6 車縫本體前 & 脇布

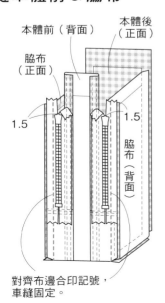

本體前（背面）

本體後（正面）

脇布（正面）

1.5

1.5

脇布（背面）

對齊布邊合印記號，車縫固定。

7 車縫本體後 & 脇布邊，摺疊 & 車縫脇布上側邊

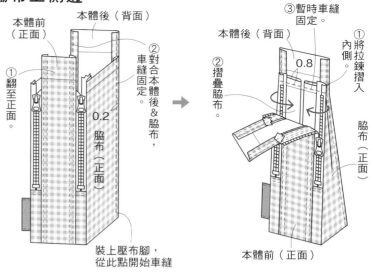

本體前（正面）

本體後（背面）

③暫時車縫固定。

①翻至正面。

②對合本體後 & 脇布，車縫固定。

0.2

脇布（正面）

裝上壓布腳，從此點開始車縫

本體後（背面）

②摺疊脇布。

0.8

①將拉鍊摺入內側。

脇布（正面）

本體前（正面）

8 製作隱形磁釦

※參見p.51圖文解說。

9 接縫隱形磁釦

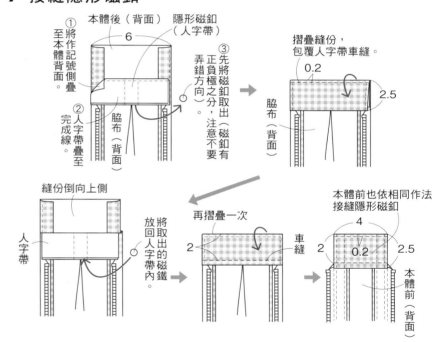

①將作記號側疊至本體背面。

本體後（背面）

隱形磁釦（人字帶）

6

③先將磁釦取出（磁釦有正負極之分，注意不要弄錯方向）。

②人字帶疊至完成線。

脇布（背面）

摺疊縫份，包覆人字帶車縫。

0.2

2.5

脇布（背面）

縫份倒向上側

人字帶

放回取出的磁鐵將回人字帶內。

再摺疊一次

車縫

2

2

0.2

4

本體前也依相同作法接縫隱形磁釦

2.5

本體前（背面）

10 製作提把 & 套入拉鍊頭

完成！

①對摺。

0.2

1

②車縫。

0.2

提把（正面）

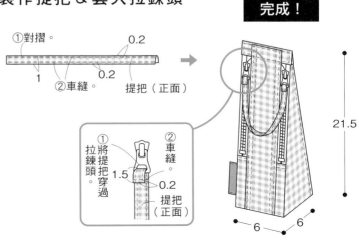

①將拉鍊提把穿過。

②車縫。

1.5

0.2

提把（正面）

21.5

6

6

6

主婦のミシン（種市加津子）

出生於東京都，文化服裝學院畢業。就讀上野洋裁學院夜間部3年，畢業後取得國家資格2級技士（現技能檢定考試）。任職某知名設計家的縫製部門，婚後辭職，獨立投入衣服與小物縫製，之後成立部落格「主婦のミシン」，以充滿個性與創意且貼近需求的實用作品贏得眾多支持，半年後即奪下部落格排名首位，現仍保持前茅。活躍於You Tube、電視，與製造商合作等多個領域。著有《主婦のミシン（暫譯：主婦裁縫改造便利小物集》《もっと！主婦のミシン（暫譯：主婦裁縫改造便利小物集續篇》》等。

部落格　https://syuhunomisin.hatenablog.jp
Instagram　@syuhunomisin
LINE@　https://line.me/R/ti/p/%40dto1264z

【FUN手作】149

Pro級！手作販售OK！
美麗又有趣的好實用布包

授　　權／BOUTIQUE-SHA
譯　　者／瞿中蓮
發 行 人／詹慶和
選 書 人／Eliza Elegant Zeal
執行編輯／陳姿伶
編　　輯／劉蕙寧・陳姿伶・詹凱雲
執行美編／韓欣恬
美術編輯／陳麗娜・周盈汝
出 版 者／雅書堂文化事業有限公司
發 行 者／雅書堂文化事業有限公司
郵政劃撥帳號／18225950
郵政劃撥戶名／雅書堂文化事業有限公司
地　　址／220新北市板橋區板新路206號3樓
電　　話／(02)8952-4078
傳　　真／(02)8952-4084
網　　址／www.elegantbooks.com.tw
電子郵件／elegant.books@msa.hinet.net

2023年5月初版一刷　定價480元

Lady Boutique Series No.4807
SHUFU NO MACHINE OMOSHIROI SHIKAKE NO NUNOKOMONO
© 2019 Boutique-sha, Inc.
All rights reserved.
Original Japanese edition published in Japan by BOUTIQUE-SHA.
Chinese (in complex character) translation rights arranged with
BOUTIQUE-SHA
through Keio Cultural Enterprise Co., Ltd., New Taipei City, Taiwan.

經銷／易可數位行銷股份有限公司
地址／新北市新店區寶橋路235巷6弄3號5樓
電話／(02)8911-0825
傳真／(02)8911-0801

國家圖書館出版品預行編目資料

Pro級！手作販售OK！美麗又有趣的好實用布包 /BOUTIQUE-SHA授權；瞿中蓮譯.
-- 初版. -- 新北市：雅書堂文化事業有限公司, 2023.05
　　面；　公分. -- (Fun手作；149)
ISBN 978-986-302-669-3(平裝)

1.CST: 手提袋 2.CST: 手工藝

426.7　　　　　　　　　　　　　112003647

協力材料商

合作商店
〔官網〕https://decollections.co.jp/
〔樂天〕https://www.rakuten.ne.jp/gold/decollections/
〔yahoo!〕 https://shopping.geocities.jp/decollections/

協力攝影

AWABEES

STAFF

編輯：井上真実　小堺久美子
攝影：久保田あかね（情境欣賞）　腰塚良彦（作法步驟）
書本設計：牧陽子
妝髮：三輪昌子
模特兒：ココ六花
作法繪圖：たけうち みわ（trifle-biz）
紙型募寫：佐々木真由美
作法校對：安彦友美